图 1-1　农大 3 号（中寿 11-3）

图 1-3　农大 17563 号

图 1-5　中农大 22

图 1-7　中农大 41

图 1-18　国福 910

图 1-16　胜寒 740

图 1-27　海丰长茄 2 号

图 1-28　海丰长茄 3 号

图 3-5　火焰消毒机

图 3-7　棉隆秸杆还田一体机

图 3-14　机械中耕除草

图 5-20　黄瓜无土栽培模式

图 6-2　蓄冷板在蔬菜运输中的应用

图 7-9　后墙水循环增温设备

图 7-14　植株间 LED

图 8-4　输送链式有机肥撒施机补光

图 10-4　背负式高效常温烟雾施药机作业场景

图 10-2　土壤消毒秸秆还田一体机工作场景

图 10-5　信息素光源诱捕器

图 11-2　可移动风冷水冷一体预冷机

果菜优良新品种及实用栽培新技术

徐　进　主编

中国农业出版社
北　京

编 委 员

主　任　李红岑

主　编　徐　进

副主编　王铁臣　侯　爽　赵　鹤

编　者（按姓氏笔画排序）

王　帅　王绍辉　王艳芳　曲明山　任华中

刘　伟　刘金华　齐艳花　安顺伟　李　园

李云飞　李云龙　李志芳　李新旭　沈火林

宋春燕　张树根　陈小慧　周　涛　郑淑芳

秦　贵　耿三省　郭　芳　郭建业　曹坳程

眭晓蕾　雷喜红　穆月英

REFACE

前 言

果类蔬菜产业技术体系北京市创新团队（简称果菜团队）于2009年4月成立，由农业部发起，原北京市农业局、北京市财政局共同提出建设实施方案，为推动北京市果蔬产业发展而设立。果菜团队2009年成立以来，主要研究番茄、黄瓜、辣（甜）椒和茄子这4种果类蔬菜。开展了包括农户、农业企业、各级政府部门乃至全产业链相关主体在内的产业发展和技术需求调研，依据产业需求制定了各岗位成员以及团队总体的5年任务书和年度任务分解，按照任务书中的研发和试验示范、团队协作、培训观摩、技术推广、全面服务产业等任务全面开展了工作。在每年年终总结和考评中，无论团队各成员之间的相互考评还是外请专家和领导对团队的考评，果菜团队都得到了很高的评价。由于果菜团队的工作成效显著，结合北京市产业发展需求，在原有3个团队的基础上，相继追加了7个团队，截至2020年年底，北京市共有10个产业的创新团队。在10个团队中，果菜团队具有成立最早、规模最大等特点，在许多方面为其他团队提供了参考经验，在产业发展上发挥了显著的带头作用。果菜团队还根据北京市果类蔬菜产业的特点以及全国乃至世界果类蔬菜发展的新方向，及时调整工作目标和任务，在注重产业发展经济效益的同时，也注重社会效益和生态效益，为北京市果类蔬菜产业的可持续发展保驾护航。

果菜团队出色的工作成效和巨大的影响力源于以下几方面经验：

一、不断优化和完善团队架构，发挥团队及合作优势

果菜团队在架构上由产业技术研发中心、综合试验站和农民田间学校工作站3个层次构成。依托北京市农业技术推广站建设非法人科研机构——北京市果类蔬菜产业技术研发中心，在研发中心设有一个首席专家

岗位和6个功能研究室，分别是育种与繁育功能研究室，栽培技术功能研究室，病虫害研究功能研究室，土肥水调控功能研究室，设施设备功能研究室，加工、流通与经济功能研究室。每个功能研究室设研究室主任1名，岗位专家若干名。在果菜生产面积较大的大兴、顺义、通州、延庆、房山、密云等区分别设立综合试验站和农民田间学校工作站，每个工作站设1个站长岗位，且田间学校工作站依托所在区的一个或多个村开展工作。

团队各岗位的任务方面，既有各自独立的核心工作任务，又有岗位之间的合作工作任务，而这种合作，既包括各层级内的横向合作，又包括各层级之间的纵向合作，比如纵向合作上，岗位专家需要每年年初在综合试验站和田间学校工作站布置试验示范技术，而后者也要在年初配套相应的资源进行合作，田间学校工作站还要每年进行需求调研并核实示范点建设。

为了保障团队工作的顺利实施，果菜团队制定了《果类蔬菜产业创新团队日常工作管理办法》，对人员管理、经费管理、知识产权管理、日常工作制度（包括信息、会议、考勤等）、档案管理制度等提出了明确的要求。通过制度来规范各项工作的顺利实施，提升了整个团队的工作效率及协作攻关的能力。

果菜团队在遵循北京市农业农村局组建创新团队的基本原则前提下，多年来不断进行团队架构上的创新，主要体现在以下两个方面：一方面，跨越原有团队架构的层级，并突破功能研究室界限组建了创新小组，目的在于打造果菜高精尖创新小组的成员，进行跨专业、跨学科自由组合，构建了充分利用团队内部人才优势和外部专业人才聘请的灵活机制。另一方面，集中团队的专家资源，打造"工厂化研究中心"，凝聚以专家为核心的研发资源，并形成以企业为依托的技术创新应用和培训展示平台。由于团队架构和人员整合优化，促进了团队在研发上的创新，并在新技术的试验、示范和推广上发挥了引领作用。比如，果菜团队较早建设的果菜工厂化的示范点已成为北京市其他创新团队技术观摩的样板。果菜团队合理的组织架构和不断创新的工作思路，为团队夯实了工作基础，提升了团队工作的人力资源。

二、注重技术研发、集成和示范推广，体现技术和创新优势

果菜团队注重各岗位在技术上的研发和创新。在第一个5年（2009—2013）的实施周期，以育种岗位专家的任务完成为例：在重点性任

务完成方面，分别提出了4种果类蔬菜的春大棚、秋大棚、日光温室冬春茬等3个茬口的高产技术方案12套；在基础性任务完成方面，构建了农大24、农大3号等50多个番茄及甜辣椒品种的DNA指纹图谱；在前瞻性任务完成方面，自主选育及引进新品种（包括新组合）1 206份，筛选出并推介京郊4种果类蔬菜更新换代品种70个。果菜团队其他岗位也同样产生了大量的研发成果，这些研发上的创新和大量成果，是十几年来团队研发上的突出贡献，也为团队的技术示范和推广奠定了坚实的基础。

与此同时，果菜团队在技术示范和推广上一贯注重技术的集成。具体做法是：将科研、教学、推广横向单位通过促进地区产业目标（农民需求为导向）提升而组织起来，目标一致、分工协作、各负其责，在技术方面攻坚克难，做到了技术的横向集成；将市、区试验站和乡村农民（田间学校、示范点和示范户）纵向单位有机结合，做到了技术的纵向集成；在果类蔬菜产业的各环节，兼顾了育种育苗技术、栽培、水肥、设施设备、产后加工流通和经济等各环节的技术，做到了技术的垂直型集成。在“十三五”期间（2016—2020），以工厂化生产为切入点的技术集成为例：连续5年开展温度、光照变化与4种果菜生长发育及产量关系研究；并开展工厂化番茄每平方米40千克生产技术试验研究与集成示范，开展日光温室、大棚辣椒、番茄优质高产有机肥、化肥利用率及施肥技术研究18项；开展日光温室、大棚黄瓜、番茄优质高产灌水技术及水利用率研究14项；研发设施果菜优质高产病虫害防控及用药技术10余项；开展设施果类蔬菜移栽机及实用化研究；开展鲜切菜加工工艺标准制定及其产品品质变化监测研究；每年建立优质高效集成技术示范点140余个，开展温室大棚番茄、辣（甜）椒、黄瓜、茄子优质高产栽培技术数字化集成研究；研发果菜病毒病检测技术3项。在技术的集成上，扩大到包含产前、产中、产后的全产业链技术体系和技术集成。其中，软科学研究也紧密围绕技术集成开展工作，调研与分析创新团队技术示范的作用，北京市与周边省、市蔬菜生产及流通成本效益对比分析，为扩大技术集成和示范推广提供依据。果菜团队这种研发创新—技术集成—示范推广工作的总体布局，也便于每一个岗位每一年细化工作内容、明确工作思路，使团队产生大量的研发成果，促进了团队技术的大范围推广，以及果类蔬菜产业的可持续发展。

三、全方位开展团队工作，发挥产业支撑作用

果菜团队除通过技术研发和示范推广来促进产业发展之外，还从多方位发挥了产业支撑作用。具体包括：一是针对蔬菜生产开展专业化服务，包括技术托管服务、农业机械化服务和病虫害综合性防治服务。二是开展防灾减灾等应急工作，包括突发性病虫害、灾害性天气、产品滞销等风险的防范工作。三是与相关职能部门工作配合。果菜团队成立以来，每年在技术普及、环境保护、产业发展等多方面为各级政府提出决策咨询报告。四是技术观摩、培训以及人才培养。以2009—2013年果菜团队第一个实施周期为例，每年建设4种果菜作物高产高效综合技术示范点140余个，共主办主推品种试验示范观摩周等观摩交流活动826次；举办各类培训班2 896次，培训人数10万余人；岗位专家、综合试验站站长及田间学校工作站站长到田间指导9 000余人次，接受电话、网络等咨询12 602人次，为农民发放技术明白纸35 567张，发放技术手册14 020册。通过上述方式使农民的技术水平和经营素质得到了显著提升。五是注重促进转变农业生产方式，实践中推广现代农业生产方式（工厂化和无土栽培），支持产业发展。六是通过促进蔬菜生产经营的适度规模化，促进产业发展。2013年北京地区蔬菜生产仍以小规模家庭式生产为主，果菜团队注重培育新型农业经营主体，在果类蔬菜示范点建设、果类蔬菜工厂化示范推广中，有限选择安排农民专业合作社、农业企业、家庭农场等新型农业经营主体，作为试验示范推广的对象；还注重促进蔬菜专业村发展，在专业村扶持社会化服务专业团队，提高了北京市果类蔬菜产业发展水平。

本书汇总了果菜团队各岗位近年来工作的部分重要成果，也是团队各岗位专家进行团队合作的又一次体现。本书的出版，有利于果类蔬菜生产技术的推广，促进果类蔬菜产业的进一步发展。

编　者

2021年

CONTENTS
目 录

中篇 新设备及配套产品和技术

PART 1

上篇

新品种
及栽培新技术

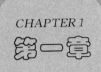

CHAPTER 1
第一章
优新品种介绍

第一节 番　茄

一、农大 3 号（中寿 11 - 3）

1. 选育单位

中国农业大学园艺学院。

2. 鉴定编号

国品鉴菜 2015001。

3. 品种特性

中熟，无限生长类型。粉红果，果面光滑，单果重 200 克左右（图 1 - 1），果实大小和着色均匀，果硬，耐贮运。抗番茄黄化曲叶病毒病（TYLCV）（Ty - 1、Ty - 3a）、烟草花叶病毒病（TMV）（Tm - 2a）、枯萎病（I- 2）、黄萎病（Ve）。适于温室秋冬茬栽培。

图 1 - 1　农大 3 号（中寿 11 - 3）

4. 栽培要点

（1）北京等华北地区日光温室秋冬茬栽培于7月上中旬播种育苗，8月上中旬定植。

（2）定植前施足基肥，定植后注意蹲苗促进坐果和根系生长，坐果后加强肥水管理，促进果实充分发育，留6～7穗果，每穗留4个果。

（3）该品种不抗灰叶斑病，需从苗期进行预防。

二、农大17799

1. 选育单位

中国农业大学园艺学院。

2. 品种特性

中熟，无限生长类型。植株被有茸毛，有利于避虫和减少病虫害的发生；粉红果，扁圆，单果重260克左右，果实硬度适中，不易裂果（图1-2），完熟后口感较好，兼顾了食用品质和耐贮运性，是一个很有特色的新品种；春大棚种植此番茄果实可溶性固形物约5.70%，每100克约含番茄红素8.15毫克，糖酸比约为6.71。抗TYLCV、TMV、枯萎病、黄萎病、灰叶斑病。适于温室、大棚保护地栽培。

图1-2　农大17799

3. 栽培要点

（1）北京等华北地区日光温室秋冬茬栽培于7月上中旬播种育苗，8月上中旬定植。

(2) 定植前施足基肥，定植后注意蹲苗促进坐果和根系生长，坐果后加强肥水管理，促进果实充分发育，留6～7穗果，每穗留4个果。

(3) 该品种对生长素类物质较敏感，喷施坐果促进剂时浓度应为正常浓度的2/3。

三、农大17563

1. 选育单位

中国农业大学园艺学院。

2. 品种特性

中熟，无限生长类型。生长旺盛，叶量较大；粉红果，圆形果，单果重240克左右，如图1-3所示，果形整齐一致，果实硬，耐贮运。抗TYLCV、枯萎病、根腐病、灰叶斑病。适于温室、大棚保护地冬春栽培。

图1-3 农大17563

3. 栽培要点

(1) 该品种花多、坐果性强，应及时疏果，每穗留果4个。

(2) 该品种生长旺盛，叶量较大，适当稀植，及时去除下部老叶，改善田间通风透光，以减少叶部病害的发生。

四、农大 1843

1. 选育单位

中国农业大学园艺学院。

2. 品种特性

中早熟，无限生长类型樱桃番茄。红果，圆形，单果重 20 克左右，如图 1-4 所示，果实不易裂，耐贮运，完熟后口感好，兼顾了食用品质和耐贮运性。抗 TYLCV、TMV、枯萎病、灰叶斑病。适于温室、大棚等保护地栽培。

图 1-4 农大 1843

3. 栽培要点

（1）北京等华北地区日光温室秋冬茬栽培于 7 月上中旬播种育苗，8 月上中旬定植。

（2）定植前施足基肥，定植后注意蹲苗促进坐果和根系生长，坐果后加强肥水管理，促进果实充分发育，留 7～9 穗果。

（3）该品种需在完全成熟后食用，糖度高，口感好。

第二节 黄 瓜

一、中农大 22

1. 选育单位

中国农业大学园艺学院。

2. 品种特性

植株生长势中等，叶片中等偏小，适宜密植；瓜码密，瓜条生长速度快，连续结瓜能力强，丰产能力强，产量高。瓜条长约 34 厘米，密刺瘤、把短、瓜条直、畸形瓜少；耐低温弱光能力强。抗枯萎病，中抗霜霉病和白粉病（图 1－5）。

图 1－5　中农大 22

3. 栽培要点

（1）该品种适宜华北各地塑料大棚春季栽培及日光温室越冬及冬春茬栽培。

（2）该品种雌花节率较高，不需喷施乙烯利等诱导雌花。定植密度为 3 500～3 800株/亩*，定植缓苗后肥水紧跟，无须蹲苗。

（3）进入结瓜期，需及时采收，并保持水肥供应充足。摘除所有侧枝仅保留主蔓结瓜。

二、中农大 25

1. 选育单位

中国农业大学园艺学院。

2. 品种特性

植株生长势强，叶片中等大小，适宜密植；植株全雌，瓜条生长速度快，连续结瓜能力强，丰产能力强，产量高。瓜条长约 32 厘米，如图 1－6 所示，

* 亩为非法定计量单位，1 亩≈667 米^2。

密刺瘤、把短、瓜条直、畸形瓜少；耐热性好。抗枯萎病、霜霉病，中抗白粉病。

3. 栽培要点

(1) 该品种耐热性好，适宜华北各地塑料大棚越夏栽培。此外，本品种为雌性系类型，不需喷施乙烯利等诱导雌花。植株开展度较小，适宜密植，密度为3 500～3 800株/亩。

(2) 定植缓苗后肥水紧跟，不需蹲苗。摘除植株5叶节以下的所有雌花及所有侧枝，保留主蔓结瓜。

(3) 进入结瓜期，需及时采收，并保持水肥供应充足。

图1-6 中农大25

三、中农大41

1. 选育单位

中国农业大学园艺学院。

2. 品种特性

植株长势强，开展度小，叶色浅绿。植株全雌，雌花单生。瓜条短棒状，皮色绿，有光泽，瓜长约14厘米，瓜把极短，横径2.8厘米，如图1-7所示，心腔小，单瓜重75克左右。口感脆甜、品质佳，商品性好。耐低温、弱光能力强。抗枯萎病，中抗霜霉病和白粉病。单性结实能力强，瓜条生长快，春季栽培播种至采收55天左右。

3. 栽培要点

（1）该品种耐寒性较差，适宜华北各地塑料大棚春夏秋各季栽培。本品种为雌性系类型，不需喷施乙烯利等诱导雌花。植株开展度较小，适宜密植，密度为3 500～3 800株/亩。

（2）定植缓苗后肥水紧跟，不需蹲苗。摘除植株5叶节以下的所有雌花及所有侧枝，保留主蔓结瓜。

（3）进入结瓜期，需及时采收，并保持水肥供应充足。

图1-7　中农大41

四、中农大51

1. 选育单位

中国农业大学园艺学院。

2. 品种特性

植株长势强，开展度小，叶色浅绿。植株全雌，雌花单生。瓜条短棒状，皮色绿，有光泽，瓜长约16厘米，瓜把短，横径约2.8厘米，心腔小，单瓜重90克左右，商品性好。耐低温、弱光能力强。抗枯萎病，中抗白粉病和霜霉病。单性结实能力强，瓜条生长快，春季栽培播种至采收60天左右；适宜温室越冬、冬春茬及塑料大棚春季栽培（图 1－8）。

3. 栽培要点

本种的栽培要点与中农大 41 相同。

图 1－8　中农大 51

五、京研春秋绿 2 号

1. 登记编号

GPD 黄瓜（2019）110305。

2. 选育单位

北京市农林科学院蔬菜研究中心。

3. 品种特性

新育成的杂交一代黄瓜早熟品种。植株生长势较强，不易早衰，全生育期 120 天左右。主、侧蔓结瓜型，瓜条顺直，膨瓜速度快，瓜长约 36 厘米，把短，外皮油亮绿，刺瘤适中，瓤色浅绿，风味浓，肉质脆。综合抗病性较强，耐热性强，适宜春、夏露地及春、秋大棚种植（图 1－9）。

4. 栽培要点

（1）建议使用优质的黄瓜砧木育苗，可提高植株抗逆性，增加果实亮度及延长收获期。

（2）定植前施足基肥，中后期偏重追施优质磷钾肥。

图 1-9　京研春秋绿 2 号

六、京研迷你 8 号

1. 登记编号

GPD 黄瓜（2019）110386。

2. 选育单位

北京市农林科学院蔬菜研究中心。

3. 品种特性

水果型全雌系中早熟黄瓜一代杂种，植株生长势强。瓜条短圆筒形，每节 1～2 瓜，长约 16 厘米，横经约 2.8 厘米，单瓜重 80～120 克。商品瓜绿色，果皮光滑，有光泽，果肉浅绿色，口感好。耐低温、弱光，亦较耐热。抗霜霉病、白粉病。适应性强，保护地可周年栽培（图 1-10）。

4. 栽培要点

（1）华北地区越冬温室栽培 9 月中下旬播种。春温室栽培 1 月上中旬播种。春大棚栽培 3 月初播种，苗龄约 30 天。秋大棚 7 月中下旬直播，密度为 2 500～3 500 株/亩。

（2）掌握“防重于治”的原则，及时防治病虫害。通风口和门口覆盖纱网，注意防治蚜虫、蓟马、红蜘蛛等虫害传播病毒病，低温、阴雨天提前防治霜霉病、细菌性角斑病等病害。

图 1－10　京研迷你 8 号

第三节　辣（甜）椒

一、农大 24

1. 鉴定编号

京品鉴椒 2012028。

2. 选育单位

中国农业大学园艺学院。

3. 品种特性

该品种为中早熟牛角型一代杂交种。植株较直立，生长势强，叶片较大，弱枝少，连续坐果性强。果面黄绿色、光滑、有光泽，果实纵径约 2 厘米，果肉厚约 5 毫米，单果重 120 克左右，果实微辣，果肉脆嫩，商品性好；植株上部、下部果实大小较一致。抗 TMV，耐根结线虫病、TMV。在低温和强光直射条件下，果面可能会形成花青素。适于保护地栽培，尤其适宜长季节栽培（图 1－11）。

4. 栽培要点

（1）该品种增产潜力大，需充足肥水条件，重施腐熟有机肥，追施磷钾肥和钙肥。

（2）前期需促进植株生长，开花坐果期轻度控水控肥，保持植株较大的叶量。

（3）待对椒等采收后开始少量整枝，防止因过度打叶，造成强光直射果面而出现花青素。

（4）秋、冬后通风要逐步进行，避免冷风直吹果实面产生花青素。

图1-11　农大24

二、农大11-28

1. 鉴定编号

京品鉴椒2016082。

2. 选育单位

中国农业大学园艺学院。

3. 品种特性

中早熟羊角形杂交品种。植株长势强，较直立，始花节位10节左右。果实长羊角形，纵径约28厘米，横径约4厘米，单果重约100克，商品果（青熟）浅绿有光泽；生理成熟果红色，果形顺直，基部略有皱褶，辣味中等；连续坐果能力强，较耐低温。抗TMV、辣椒中型斑驳病毒（PMMV），中抗根结线虫病。适于设施早春和秋冬保护地栽培（图1-12）。

4. 栽培要点

（1）保护地栽培可采用留 4 个主杆，整枝在对椒采收后进行。

（2）该品种连续坐果性强，生产中需施入充足的底肥，采收期二水一肥，果实能充分生长。

图 1－12　农大 11－28

三、农大 31

1. 鉴定编号

京品鉴椒 2016083。

2. 选育单位

中国农业大学园艺学院。

3. 品种特性

中熟粗羊角形杂交品种。植株长势中等，始花节位 10 节左右。果实纵径 28 厘米左右，横径 4.5 厘米左右，单果重约 120 克，商品果（青熟）绿色有光泽；生理成熟果红色，果形顺直，微辣；连续坐果能力强。抗 TMV、PMMV，中抗根结线虫病。适于设施早春和秋冬保护地栽培（图 1－13）。

4. 栽培要点

（1）保护地栽培可采用留 4 个主杆，整枝在对椒采收后进行。该品种枝条较软，坐果多，需加强插架或吊绳等管理。

（2）该品种连续坐果性强，生产中需施入充足的底肥，采收期二水一肥，果实能充分生长。

图 1-13　农大 31

四、农大 1907

1. 选育单位

中国农业大学园艺学院。

2. 品种特性

中熟牛角形杂交品种。植株长势中等，始花节位 11 节左右。果实纵径 28 厘米左右，横径 6 厘米左右，单果重约 150 克，商品果（青熟）绿色有光泽，生理成熟果红色，微辣；连续坐果能力强。抗 TMV、PMMV，中抗根结线虫病。适于设施和冷凉地区露地栽培（图 1-14）。

3. 栽培要点

（1）保护地栽培可采用留 4 个主秆，整枝在对椒采收后进行。该品种枝条较软，坐果多，需加强插架或吊绳等管理。

（2）该品种连续坐果性强，生产中需施入充足的底肥，采收期二水一肥，果实能充分生长。

图 1-14　农大 1907

五、农大 1908

1. 选育单位

中国农业大学园艺学院。

2. 品种特征特性

中早熟粗羊角形杂交品种。植株长势中等，始花节位 10 节左右。果实纵径 30 厘米左右，横径 4 厘米左右，单果重约 90 克；商品果（青熟）绿色，生理成熟果红色，果形螺丝状，微辣，口感品质极佳；连续坐果能力强，产量高。抗 TMV、PMMV，对温度适度性强。适于设施和冷凉地区露地栽培（图 1-15）。

图 1-15　农大 1908

3. 栽培要点

（1）保护地栽培可采用留4个主秆，整枝在对椒采收后进行。该品种枝条较软，坐果多，需加强插架或吊绳等管理。

（2）该品种连续坐果性强，生产中需施入充足的底肥，采收期二水一肥，果实能充分生长。

六、胜寒740

1. 登记编号

GPD辣椒（2018）110461。

2. 选育单位

北京市农林科学院蔬菜研究中心，京研益农（北京）种业科技有限公司。

3. 品种特性

中早熟辣椒F1杂交种。植株开展度中等，生长旺盛，连续坐果性强。果实长牛角形，果型顺直，果面光滑；商品果淡绿色，成熟果红色；商品果实纵径为24～30厘米，果实横径为5.2厘米左右，单果重120～170克；果实外表光亮，商品性好，辣味中。该品种抗TMV病毒病，耐寒性强。适合保护地秋冬茬、早春茬以及日光温室一大茬种植（图1－16）。

图1－16　胜寒740

4. 栽培要点

（1）保护地栽培可采用留 4 个主秆（2＋2 整枝法即双秆上各留 2 个主秆），用绳子吊秧栽培，每 7～10 条绕一次绳。

（2）重施腐熟有机肥，追施磷钾肥，注意钙肥施用，钙肥对商品果品质及色泽有一定作用。

七、胜寒 742

1. 登记编号

GPD 辣椒（2018）110626。

2. 选育单位

北京市农林科学院蔬菜研究中心，京研益农（北京）种业科技有限公司。

3. 品种特性

中早熟辣椒 F1 杂交种。植株开展度中等，生长旺盛；连续坐果性强，耐寒性好，果实长牛角形，果型顺直，果面光滑；商品果淡绿色，成熟后转红色；在正常温度下，商品果实纵径为 24～30 厘米，横径为 4.8 厘米左右，外表光亮，商品性好；单果重 100～150 克，辣味中。抗病毒病能力强，耐寒性强。适合保护地秋冬茬、早春茬以及日光温室一大茬种植（图 1－17）。

图 1－17 胜寒 742

4. 栽培要点

（1）保护地栽培可采用留4个主秆（2+2整枝法即双秆上各留2个主秆），用绳子吊秧栽培，每7～10条绕一次绳。

（2）重施腐熟有机肥，追施磷钾肥，注意钙肥施用，钙肥对商品果品质及色泽有一定作用。

八、国福910

1. 登记编号

GPD辣椒（2019）110692。

2. 选育单位

北京市农林科学院蔬菜研究中心，京研益农（北京）种业科技有限公司。

3. 品种特性

中早熟，株型紧凑，坐果率高，膨果速度快。果实为牛角形，果实顺直光滑；果实纵径为28厘米左右，果实横径为5.5厘米左右，肉厚0.4厘米，单果重160～200克；青熟果淡绿色，成熟果红色，辣味中，耐贮运。抗病毒病能力强、抗逆性好。适宜北方保护地早春茬、秋冬茬及冷凉地区露地种植（图1-18）。

图1-18 国福910

4. 栽培要点

（1）保护地栽培，培育壮苗移植，高畦栽培，单株定植，亩栽 3 000 株左右。

（2）重施腐熟有机肥，追施磷钾肥，注意钙肥施用，钙肥对商品果品质及色泽有一定作用。

九、海丰 16

1. 鉴定证书编号

京品鉴椒 2013003。

2. 非主要农作物品种登记编号

GPD 辣椒（2018）110088。

3. 选育单位

北京市海淀区植物组织培养技术实验室，北京海花生物科技有限公司。

4. 品种特性

大果方灯笼型甜椒杂交一代，中早熟。始花节位为 9～10 节；植株长势旺盛，连续坐果能力较强，坐果集中，上下层果较为整齐。果实纵径平均为 9.80 厘米，横径平均为 10.52 厘米，果型指数为 0.93，平均果肉厚 0.69 厘米，平均单果质量为 261.58 克，果实方正，商品性好；4 心室果率高，果实维生素 C 平均含量为 676 毫克/千克，可溶性糖平均含量为 0.20%，蛋白质平均含量为 0.89%。中抗 CMV 和疫病，抗 TMV。适合北京、河北等华北地区早春保护地栽培，广东、海南等华南地区露地反季节栽培，山西、陕西等西北地区露地栽培（图 1-19）。

图 1-19 海丰 16

5. 栽培要点

（1）海丰16植株生长茂盛，分枝力强，一般采用单株定植，株距40厘米，行距60厘米，不宜密植。适宜栽培温度为白天25～28℃，夜间15～18℃ 。

（2）定植前施足底肥，一般每亩施腐熟鸡粪约5 000千克、复合肥30千克。定植后及时浇水，保持土壤见干见湿，防止幼苗徒长。

（3）适时采摘第一层果，防止赘秧，及时去除门椒以下的侧枝；第一茬果采收后去除膛内无效枝杈，增强通风透光性。

（4）第一次采收后，每亩随水冲施优质复合肥30～40千克，15天后再追施1次，同时叶面追施磷酸二氢钾、硫酸锌、硼砂等。注意防治病毒病、疫病、青枯病、蚜虫、蓟马等。

（5）其他可参照甜椒栽培的常规管理。

十、海丰166

1. 鉴定证书编号

京品鉴菜2016064。

2. 非主要农作物品种登记编号

GPD辣椒（2018）111099。

3. 选育单位

北京市海淀区植物组织培养技术实验室，北京海花生物科技有限公司。

4. 品种特性

中早熟偏长方灯笼型甜椒杂交一代。始花节位为9～10节。果面光滑有光泽，着色均匀，果实方正饱满，4心室果率高；果实纵径为11～13厘米，横径为8～10厘米，果肉厚0.60～0.70厘米，单果质量为240～320克；果实维生素C平均含量为676毫克/千克，可溶性糖为0.20%，蛋白质为0.89%。植株长势强，茎秆略披毛，连续坐果能力强。苗期人工接种抗病性鉴定结果为中抗CMV和疫病，抗TMV。适合北方早春、秋延后大棚和越冬温室以及广东、海南南菜北运基地露地栽培（图1-20）。

5. 栽培要点

（1）海丰166植株生长茂盛，分枝力强，一般采用单株定植，株距40厘米，行距60厘米，不宜密植，适宜栽培温度为白天25～28℃，夜间15～18℃ 。

（2）定植前施足底肥，一般每亩施腐熟鸡粪约5 000千克、复合肥30千克。定植后及时浇水，保持土壤见干见湿，防止幼苗徒长。

（3）适时采摘第一层果，防止赘秧，及时去除门椒以下的侧枝；第一茬果采收后去除膛内无效枝杈，增强通风透光性。

（4）第一次采收后，每亩随水冲施优质复合肥30～40千克，15天后再追施 1 次，同时叶面追施磷酸二氢钾、硫酸锌、硼砂等。注意防治病毒病、疫病、青枯病、蚜虫、蓟马等。

（5）其他可参照甜椒栽培的常规管理。

图 1-20 海丰 166

十一、海丰 148

1. 选育单位

北京市海淀区植物组织培养技术实验室，北京海花生物科技有限公司。

2. 品种特性

早熟方灯笼型甜椒杂交一代。始花节位 9～10 节。果实方灯笼形，纵径约 11 厘米，横径约 9 厘米；果色浅绿，单果质量约 200 克，果肉薄脆，上下层果较为整齐；商品成熟果（绿果）每 100 克的还原糖含量、蛋白质含量和维生素 C 含量分别为 3.82 克、1.21 克和 143.4 毫克，植株长势较强，连续坐果能力中等，早熟性明显，保护地总产量可达 5 000 千克/亩。适宜北京等北方地区春秋保护地栽培（图 1-21）。

3. 栽培要点

（1）海丰 148 植株生长较茂盛，分枝能力较强，一般采用单株定植，株距 40 厘米，行距 60 厘米，不宜密植，适宜栽培温度为白天 25～28℃，夜间 15～18℃。

（2）定植前施足底肥，一般要求每亩施腐熟有机肥 5 000 千克、三元复合肥 30 千克。定植后及时浇水，保持土壤见干见湿，防止幼苗徒长。

（3）适时采摘第一层果，防止赘秧，及时去除门椒以下的侧枝；第一茬果采收后去除膛内无效枝杈，增强通风透光性。

(4) 第一次采收后，随水冲施优质复合肥 20～30 千克/亩，15 天后再追施 1 次，同时叶面追施磷酸二氢钾、硫酸锌、硼砂等。注意防治病毒病、疫病、青枯病、蚜虫、蓟马等。

(5) 其他可参照辣椒栽培的常规管理。

图 1-21 海丰 148

十二、海丰长剑

1. 非主要农作物品种登记编号

GPD 辣椒 (2018) 111754。

2. 选育单位

北京市海淀区植物组织培养技术实验室，北京海花生物科技有限公司。

3. 品种特性

早熟，牛角椒杂交一代。始花节位 8～9 节。果实绿色，顺直，果味辣，果面光滑有光泽；纵径约 28 厘米，横径约 4 厘米，果肉厚约 0.3 厘米；单果重约 110 克，果实每 100 克维生素 C 含量为 122.0 毫克。植株生长势强，坐果集中，中抗 CMV、TMV。适宜华北、西北、东北等地区早春大棚及露地种植（图 1-22）。

4. 栽培要点

(1) 北方地区早春大棚播种时间为 1 月 15 日至 1 月 25 日，露地播种时间为 2 月 15 日至 3 月 25 日。

(2) 播种前进行种子消毒，培育壮苗；定植前施足底肥，一般每亩施腐熟鸡粪5 000千克左右、三元复合肥50千克左右。单株定植，一般每亩定植3 000～4 200株，定植后及时浇水，保持土壤见干见湿，生长适宜的昼温为25～30℃，夜温为15～20℃。

（3）保护地栽培注意通风排湿，露地栽培注意排涝防旱，加强病虫害防治，做到"预防为主，综合防治"。

图1-22 海丰长剑

十三、海丰268

1. 非主要农作物品种登记编号

GPD辣椒（2019）。

2. 选育单位

北京市海淀区植物组织培养技术实验室，北京海花生物科技有限公司。

3. 品种特性

浅绿粗羊角椒型辣椒杂交一代，早熟。始花节位约9节。果实羊角形，纵径约28厘米，横径约3.5厘米；单果质量约100克，果色浅绿，果面光滑有光泽，果味辣；植株生长势强，连续坐果能力强。适宜早春和秋延后大棚及冬季日光温室种植（图1-23）。

图 1-23　海丰 268

4. 栽培要点

（1）海丰 268 植株长势旺，连续坐果能力较强，北京地区早春大棚栽培一般 1 月中下旬育苗，3 月中下旬定植，秋延后温室栽培 7 月底左右育苗，9 月初定植。

（2）植株生长势很强，分枝力强，一般采用单株定植，株行距适当加大，株距 50～60 厘米，行距 60～80 厘米。定植前施足底肥，一般每亩施腐熟鸡粪约 5 000 千克、复合肥 30 千克。定植后及时浇水，保持土壤见干见湿，防止幼苗徒长。

（3）在门椒坐果前应加强田间管理，防止秧苗徒长，影响连续坐果性，应适时采收对椒层和门椒层的果实，防止赘秧，及时去除门椒以下的侧枝。

（4）在第一次果采收后，要适当补充追肥，以后每隔 7 天左右随水补施少量氮肥和追施水溶性肥料，每次每亩施尿素 10 千克、高效水溶性肥 20 千克。

（5）注意定植后病虫害的综合防治，尤其是病毒病的前期预防，在保证正常生长温度的前提下适时通风并辅助药剂防治，降低设施内的湿度，防止病虫害的发生。其他可参照辣椒栽培的常规管理。

十四、海丰 104

1. 鉴定编号

京品鉴菜 2016062。

2. 非主要农作物品种登记编号

GPD 辣椒（2019）110492。

3. 选育单位

北京市海淀区植物组织培养技术实验室，北京海花生物科技有限公司。

4. 品种特性

浅绿粗羊角椒类型辣椒杂交一代。始花节位 9 节。果色浅绿有光泽，果实基部略有皱褶，果实顺直；果纵径 28～32 厘米，果横径 3.5～4.5 厘米，单果质量 100～140 克；辣味中等，果肉脆，角质层较薄，口感佳；叶片中等大小，叶色绿，植株长势强，株型分枝能力较强，茎粗壮，不易倒伏，连续坐果能力强。苗期人工接种抗病性鉴定结果表明，海丰 104 抗 TMV，中抗 CMV 和疫病。适合北京、山东等华北地区及黑龙江等东北地区秋延后保护地栽培（图 1－24）。

图 1－24 海丰 104

5. 栽培要点

（1）海丰 104 植株长势中等，早熟性较为明显，北京地区早春大棚栽培一般1月中下旬育苗，3月中下旬定植，秋延后温室栽培7月底左右育苗，9月初定植。

（2）一般采用单株定植，株行距适当加大，株距40～50厘米，行距50～60厘米。控制适宜栽培温度白天25～28℃，夜间15～18℃。

（3）定植前施足底肥，一般每亩施腐熟鸡粪约5 000千克、复合肥30千克。定植后及时浇水，保持土壤见干见湿，防止幼苗徒长。

（4）在门椒坐果前应加强田间管理，防止秧苗徒长，影响连续坐果性，应适时采收对椒层和门椒层的果实，防止赘秧，及时去除门椒以下的侧枝。

（5）在第一次果采收后，要适当补充追肥，以后每隔7天左右随水补施少量氮肥和追施水溶性肥料，每次每亩施尿素10千克、高效水溶性肥20千克。

（6）注意定植后病虫害的综合防治，尤其是病毒病的前期预防，在保证正常生长温度的前提下适时通风并辅助药剂防治，降低设施内的湿度，防止病虫害的发生。

（7）其他可参照辣椒栽培的常规管理。

十五、海丰396

1. 非主要农作物品种登记编号

GPD辣椒（2018）。

2. 选育单位

北京市海淀区植物组织培养技术实验室，北京海花生物科技有限公司。

3. 品种特性

螺丝椒类型辣椒杂交一代，早熟。始花节位约9节。果实螺丝羊角形，果实纵径约30厘米，横径约3.5厘米，果肉厚约0.2厘米；果色绿，表面有光泽，肩部皱，果面螺旋至果尖部，味辣，单果质量约80克。中抗CMV、TMV和疫病。适合北京、山东等华北地区早春、秋延后保护地栽培，陕西、甘肃等西北地区露地栽培，贵州、云南等西南地区露地反季节栽培（图1-25）。

4. 栽培要点

（1）海丰396早熟性明显，因此在生产中应特别注意抓住前期产量以增加整体的经济效益。其植株生长势很强，分枝力强，一般采用单株定植，株距40厘米，行距50厘米，露地生产可适当密植；适宜栽培温度白天25～28℃，夜间15～18℃ 。

（2）定植前施足底肥，一般每亩施腐熟鸡粪约5 000千克、三元复合肥30千克。定植后及时浇水，保持土壤见干见湿，防止幼苗徒长。在门椒坐果前应加强田间管理，防止秧苗徒长，影响连续坐果性，应适时采收对椒层和门椒层的果实，防止赘秧，及时去除门椒以下的侧枝，可进行双秆整枝或三秆整枝以延长采收期。其他可参照辣椒栽培的常规管理。

图 1-25　海丰 396

十六、海丰 391

1. 鉴定编号

京品鉴菜 2015013。

2. 非主要农作物品种登记编号

GPD 辣椒（2018）110087。

3. 选育单位

北京市海淀区植物组织培养技术实验室，北京海花生物科技有限公司。

4. 品种特性

细螺丝辣椒杂交一代。始花节位 9 节。果色深绿有光泽，果实基部有皱褶，果面螺旋较为明显；果实纵径 32～36 厘米，果实横径 1.6～1.8 厘米，单果质量 35～45 克；辣味很浓，果肉薄，口感佳，转色后鲜红且着色均匀，可做红椒。植株长势强，株型紧凑，茎粗壮，不易倒伏，连续坐果能力极强，膨果速度快。商品成熟果（绿果）每 100 克的干物质含量为 9.31 克、总糖含量为 3.43 克、粗蛋白含量为 1.48 克、维生素 C 含量为 71.3 毫克，生理成熟果（红果）每千克的干物质含量、总糖含量、粗蛋白含量和维生素 C 含量分别是

105 克、37.3 克、16.6 克和 991 毫克。适合北京、山东等华北地区早春、秋延后保护地栽培，广东、海南等华南地区露地反季节栽培，湖南、江西等华中地区和云南、贵州等西南地区露地栽培（图 1－26）。

图 1－26　海丰 391

5. 栽培要点

（1）海丰 391 早熟性明显，因此在生产中应特别注意抓住前期产量以增加整体的经济效益，其植株生长势很强，分枝力强，一般采用单株定植，株距 40 厘米，行距 50 厘米，露地生产可适当密植，适宜栽培温度白天 25～28℃，夜间 15～18℃。

（2）定植前施足底肥，一般每亩施腐熟鸡粪约 5 000 千克、三元复合肥约 50 千克。定植后及时浇水，保持土壤见干见湿，防止幼苗徒长。

（3）在第一次果采收后，要适当补充追肥。田间水分不宜过多，在挂果前期注意防蚜虫，注意田间排水、防涝，并注意适时通风，控制湿度，其他可参照辣椒栽培的常规管理。

第四节　茄　　子

一、海丰长茄 2 号

1. 鉴定证书编号

京品鉴茄 2013006。

2. 选育单位

北京市海淀区植物组织培养技术实验室，北京海花生物科技有限公司。

3. 品种特性

早熟长茄杂交一代。植株开展度中等，生长势强。果实长棒状，果柄及萼片为绿色、无刺，果型顺直；商品果实纵径为23～25厘米、横径约为4.5厘米，单果重230～250克；果皮紫黑色，有光泽，耐运输。该品种耐低温、耐弱光，耐热性好，不早衰，适合早春大棚、露地一大茬及秋冬茬日光温室种植（图1-27）。

图1-27 海丰长茄2号

4. 栽培要点

（1）海丰长茄2号株型开展度中等，植株生长势强。华北地区早春大棚栽培，一般1月上中旬播种，3月下旬定植；露地一大茬栽培，1月下旬或2月上旬播种，4月下旬定植；秋冬茬日光温室栽培，一般6月上旬播种，8月上旬定植。

（2）每亩定植1 600～1 800株，大棚栽培宜采用2秆整枝、主秆留果，侧枝留1果后摘心；露地栽培宜采用4秆整枝，及时搭架防止倒伏。

（3）果实膨大期，应结合浇水及时追肥，每次追施尿素10～15千克/亩，叶面喷施0.3%磷酸二氢钾，适时采收；棚内温度过高时应补充钙肥，防止缺钙引起的果实生理病害发生。

（4）大棚茄子栽培易发生黄萎病和灰霉病等，应注意预防为主、综合防治。

二、海丰长茄3号

1. 鉴定证书编号

京品鉴菜2015014。

2. 选育单位

北京市海淀区植物组织培养技术实验室，北京海花生物科技有限公司。

3. 品种特性

中早熟长茄杂交一代。植株直立，生长势旺盛，连续坐果能力强。果实长棒状，果型顺直；商品果实纵径为28～32厘米、横径约为5.5厘米，单果重280～320克；果皮紫黑色，有光泽，商品性好，果实稍软。该品种不早衰，耐热性好，适合早春大棚、露地一大茬及秋延后大棚种植（图1-28）。

图1-28 海丰长茄3号

4. 栽培要点

（1）海丰长茄3号株型直立、植株生长势强。华北地区早春大棚栽培，一般1月上中旬播种，3月下旬定植；露地栽培，1月下旬或2月上旬播种，4月下旬定植；秋延后大棚栽培，一般6月上旬播种，8月上旬定植。

（2）每亩定植1 600～1 800株，大棚栽培宜采用2秆整枝、主秆留果，侧枝留1果后摘心；露地一大茬栽培宜采用4秆整枝，及时搭架防止倒伏。

（3）果实膨大期，应结合浇水及时追肥，每次追施尿素10～15千克/亩，叶面喷施0.3%磷酸二氢钾，适时采收。

（4）大棚茄子栽培易发生黄萎病和灰霉病等，应注意预防为主、综合防治。

三、海丰长茄5号

1. 鉴定证书编号

京品鉴菜2016061。

2. 选育单位

北京市海淀区植物组织培养技术实验室，北京海花生物科技有限公司。

3. 品种特性

早熟长茄杂交一代。植株开展度中等，生长势旺盛，连续坐果能力强。果实长棒状，果型顺直，商品果实纵径为 28～32 厘米，横径为 5.0 厘米左右；果皮紫黑色，有光泽，单果重 250～280 克。适合早春大棚、秋延后大棚和露地种植（图 1－29）。

图 1－29 海丰长茄 5 号

4. 栽培要点

（1）华北地区早春大棚栽培，一般 1 月上中旬播种，3 月下旬定植；露地栽培，1 月下旬或 2 月上旬播种，4 月下旬定植；秋延后大棚栽培，一般 6 月上旬播种，8 月上旬定植。

（2）每亩定植 1 800～2 000 株，大棚栽培宜采用 2 秆整枝、主秆留果，侧枝留 1 果后摘心；露地栽培宜采用 4 秆整枝，及时搭架防止倒伏。

（3）果实膨大期，应结合浇水及时追肥，每次追施尿素 10～15 千克/亩，叶面喷施 0.3%磷酸二氢钾，适时采收。

（4）大棚茄子栽培易发生黄萎病和灰霉病等，应注意预防为主、综合防治。

四、海丰长茄 6 号

1. 选育单位

北京市海淀区植物组织培养技术实验室，北京海花生物科技有限公司。

2. 品种特性

早熟长茄杂交一代，株型开展度中等。果实为长棒状，果型顺直，连续坐果能力强。商品果实纵径为 25～30 厘米、横径约为 6.0 厘米；果柄及果实萼片绿色、无刺，果皮紫黑色、有光泽，单果重 320～360 克。该品种耐低温、耐弱光、耐热性好，不早衰，适宜早春大棚、秋冬茬温室及露地一大茬种植（图 1-30）。

图 1-30　海丰长茄 6 号

3. 栽培要点

（1）华北地区早春大棚栽培，一般 1 月上中旬播种，3 月下旬定植；秋冬茬温室栽培，一般 6 月上旬播种，8 月上旬定植；露地栽培，1 月下旬或 2 月上旬播种，4 月下旬定植。

（2）每亩定植 1 600～1 800 株，大棚栽培宜采用 2 秆整枝、主秆留果，侧枝留 1 果后摘心；露地栽培宜采用 4 秆整枝，及时搭架防止倒伏。

（3）果实膨大期，应结合浇水及时追肥，每次追施尿素 10～15 千克/亩，叶面喷施 0.3%磷酸二氢钾，适时采收。

（4）大棚茄子栽培易发生黄萎病和灰霉病等，应注意预防为主、综合防治。

五、海丰长茄 7 号

1. 选育单位

北京市海淀区植物组织培养技术实验室，北京海花生物科技有限公司。

2. 品种特性

早熟长茄杂交一代，株型直立。果实为长棒状，果型顺直，连续坐果能力强；商品果实纵径为 28～33 厘米、横径约为 5.6 厘米；果皮紫黑色、有光泽，单果重 320～380 克。该品种耐热性好，不早衰，适宜露地一大茬和秋延后大棚种植（图 1-31）。

图1-31　海丰长茄7号

3. 栽培要点

（1）华北地区露地一大茬栽培，1月下旬或2月上旬播种，4月下旬定植；秋延后大棚栽培，一般6月上旬播种，8月上旬定植。

（2）每亩定植1 800～2 000株，露地栽培宜采用4秆整枝，及时搭架防止倒伏，秋延后大棚栽培宜采用2秆整枝、主秆留果，侧枝留1果后摘心。

（3）果实膨大期，应结合浇水及时追肥，每次追施尿素10～15千克/亩，叶面喷施0.3%磷酸二氢钾，适时采收。

（4）大棚茄子栽培易发生黄萎病和灰霉病等，应注意预防为主、综合防治。

CHAPTER 2
第二章

育苗技术

第一节　嫁接技术

一、嫁接概述

嫁接是利用砧木的地下部的优势，或抵抗逆境（低温、干旱、盐害、土传病害），或增加产量，或提高品质，达到提高抗性、提质增产的效果。

现代蔬菜嫁接研究始于20世纪20年代的日本和朝鲜，80年代，嫁接技术开始在我国蔬菜生产中被广泛应用。21世纪初，在我国设施蔬菜栽培发达的部分地区，西瓜、黄瓜、番茄嫁接苗比率已达70%以上。蔬菜嫁接技术已作为增产、节能的有效蔬菜栽培手段被推广应用。砧木选择需要关注砧木与接穗的亲和性，还要注意生态适应性，其中砧木和接穗的亲和性至关重要，优良的砧木品种是果菜嫁接栽培的必备条件。

首先，嫁接可以改善蔬菜作物根系的吸收功能，提高蔬菜作物的产量，改善品质，如嫁接也能够提高番茄果实中的有机酸含量，但对维生素C含量和还原糖含量影响不大，证明砧木嫁接番茄比自根嫁接产量增加9.4%～13.2%。

其次，嫁接可以有效克服蔬菜连作障碍，实现抗病增产，被广泛应用于葫芦科和茄科等包括黄瓜、甜瓜、茄子、番茄、辣椒等蔬菜作物；黄瓜嫁接后可以增强对枯萎病、疫病和根结线虫病的抗性；西瓜嫁接后可降低枯萎病和黄瓜绿斑驳花叶病毒病的发生；利用抗性砧木嫁接可以防止根结线虫病和青枯病的发生；辣椒嫁接后对青枯病、疫病、根腐病抗性均增强。番茄越夏栽培，易发生高温胁迫，生长发育不良，容易产生畸形果和发生病害，采用耐热品种的砧木进行嫁接可以提高番茄耐高温的能力。冬季日光温室番茄易受低温弱光的环境影响，导致生长发育缓慢，产量下降。选择抗性砧木嫁接已成为冬季日光温室番茄高产稳产的保障。

此外，嫁接还能提高蔬菜作物多种抗逆性，包括耐盐性、耐寒性、耐热性、耐旱性、耐弱光、抗涝性和耐重金属胁迫等。因为嫁接砧木具有上述抗逆特点，在蔬菜生产过程中可以减少农药、化肥投入，节约灌溉水等。

二、嫁接砧木

1. 番茄常用砧木

（1）果砧1号。专用砧木型番茄杂交种，无限生长型，对病毒病、叶霉病、根结线虫、枯萎病和黄萎病等多种土传病害具有复合抗性。植株生长旺盛，根系发达，是番茄、茄子克服保护地连作障碍的理想砧木品种（育种单位为北京市农林科学院蔬菜中心）。

（2）砧爱1号。番茄砧木杂交种，中早熟，无限生长型，根系发达，长势强，果实圆形，带绿肩，红果，每穗坐果数5～7个，单果重200～240克。具有Ty2、Tm2a、Mi1、FrI等抗性基因位点，抗TYLCV、花叶病毒病、根结线虫病及茎腐病、根腐病（育种单位为北京市农林科学院蔬菜中心）。

（3）砧芯1号。高抗根结线虫病，节水效果明显，与接穗的亲和力高，适应性强。中早熟，无限生长型，红果。适于早春或晚秋温室番茄生产（育种单位为北京农学院）。

（4）砧棒1号。抗枯萎病、根结线虫病，节水效果明显，适应性非常强。与接穗的亲和力较高，嫁接后需要加强管理，提高砧木与接穗的愈合能力（育种单位为北京农学院）。

（5）桂茄砧1号。种子为扁平短卵形，种子表面有短而粗呈灰褐色的茸毛，千粒重约3克；植株自封顶，长势较旺，株形紧凑；早熟，叶绿色，叶形普通叶，下部叶片易卷。高抗青枯病，耐热性强，耐寒性中等，适合春、夏、秋露地栽培。一般亩产量2 500～4 000千克。

（6）浙砧1号。高抗青枯病的番茄杂交一代砧木品种。中熟，无限生长类型。高抗青枯病、病毒病和枯萎病。成熟果大红色，果形偏小；植株根系发达，长势较旺，嫁接，亲和力强，特别适合青枯病高发地区作为番茄砧木使用。

（7）华番12。抗TYLCV、青枯病、枯萎病、叶霉病和TMV等病害。适合大棚和露地春季和秋季栽培，特别适合青枯病多发地区栽培。

（8）果砧1号。属无限生长型，对病毒病、叶霉病、根结线虫病、枯萎病和黄萎病等多种土传病害具有复合抗性。植株生长旺盛，根系发达，是番茄克服保护地连作障碍的理想砧木品种。

（9）宝砧5号。属无限生长型，生长势强。该品种主要作为番茄嫁接砧木使用，耐热性强。高抗青枯病，与接穗的亲和力好，嫁接成活率高，对接穗品种的果实品质、商品性无不良影响，秋茬番茄嫁接栽培效果更佳。

（10）金棚砧木1号。属无限生长型。植株长势极强，茎秆较脆，叶大。

果实圆形或扁形，黄色，有绿条。单果重10～15克，单穗13～15果。根系强大，耐寒性好。易感黄瓜花叶病毒（CMV）、TYLCV和叶霉病，高抗TMV、枯萎病和根结线虫。抗寒性好，可耐轻霜。

（11）久绿787。对各种类型番茄具备高的亲和能力，根系强大，抗寒，活力强，有利于早定植、早发苗。对线虫病基本免疫，高抗青枯病和根腐病等多种土传病害。

（12）托鲁巴姆。属野生茄子类砧木品种，根系发达。对根结线虫病、青枯病免疫。叶色浓绿，长势极强，与番茄各栽培品种嫁接亲和性极好，嫁接后番茄综合抗性强，可作为各茬口番茄栽培嫁接砧木。

（13）LS-89。抗番茄青枯病和枯萎病，早期幼苗生育速度中等。茎较粗，易嫁接，根系发达，吸肥力及生长势强，若采取劈接，需比接穗早播种3～5天，适合于保护地及露地栽培。

2. 黄瓜常用砧木

（1）云南黑籽南瓜。成活率高，抗多种土传病害，耐低温能力强，果实品质好，无异味。

（2）威盛1号。该砧木与黄瓜的嫁接亲和性和共生亲和力都很强，嫁接苗成活率高。高抗黄瓜猝倒病，抗霜霉病和枯萎病，特别是嫁接后可使黄瓜瓜皮表面光亮无蜡粉、瓜条顺直，明显地提高外观品质。适宜我国北方保护地黄瓜嫁接栽培。

（3）创凡1号。籽粒中等大小，出苗整齐，嫁接亲和力高，对根结线虫病有良好耐受性。

（4）日本青藤台木。黄籽南瓜砧木，专门用于春秋、越冬保护地及露地黄瓜嫁接。籽粒饱满匀称，芽率高，芽势好。茎秆深绿，轴茎长，易于嫁接操作，省时省力。根系庞大，耐低温性极好。高抗枯萎病、白粉病、霜霉病和疫病等土传病害。亲和力好，无排异现象，黄瓜果实口味纯正，瓜条顺直，色泽油亮，大大提高其商品性。

（5）根力神。嫁接亲和力高，成活率高，发芽齐，生长势强，根系发达，嫁接后黄瓜色泽油亮，抗枯萎及早衰能力强，可提高黄瓜商品性。

（6）北农亮砧。为杂交一代南瓜砧木品种，抗枯萎病能力强。嫁接亲和力高，嫁接后黄瓜植株生长势强，增产效果明显。突出的优点是在栽培温度较高的环境条件下，嫁接后黄瓜表皮脱蜡粉能力强，瓜皮色泽鲜亮，可显著提高黄瓜的商品性。耐低温性较黑籽南瓜略弱。适宜于秋冬季及春季保护地黄瓜嫁接栽培。

（7）京欣砧5号。该砧木发芽整齐，出苗壮，根系发达，吸肥力强。嫁接黄瓜亲和力好，共生亲和力强，成活率高，结合面致密，耐低温弱光，抗枯萎病，有促进生长提高产量的效果。嫁接黄瓜后，瓜条亮绿无蜡粉。适宜早春和越冬保护地黄瓜嫁接栽培。

（8）京欣砧 6 号。该砧木品种嫁接黄瓜亲和力好，共生亲和力强，成活率高，结合面致密，耐低温弱光，抗枯萎病，有促进黄瓜生长、增强其抗病能力和提高黄瓜产量的效果。嫁接黄瓜后，瓜条亮绿无蜡粉，明显提高了黄瓜商品品质。适宜早春和越冬保护地黄瓜嫁接栽培。

（9）甬砧 2 号。该杂交种高抗枯萎病，耐逆性强，长势中等，嫁接后亲和力好，共生亲和力强，嫁接成活率高，发芽整齐，嫁接后不影响甜瓜、黄瓜口感和风味，有蜡粉的黄瓜品种嫁接后不产生蜡粉。适宜早春和夏秋季设施栽培。

（10）嘉藤青木。该品种种子匀称饱满，出苗整齐，胚轴浓绿髓腔紧实，不易受到温湿条件变化徒长或休止。亲和各种黄瓜，共生能力超强。基本免疫枯萎病等土传病害，并对低温、线虫、肥害具备突出的忍耐能力。嫁接后还能提高叶片病害的抗病能力，尤其可有效降低霜霉病、斑枯病的发病指数。

3. 辣椒常用砧木

（1）格拉芙特。植株茎部叶柄有毛，根系发达，吸收能力强，亲和力强；既抗根结线虫病，又抗疫病、根腐病、青枯病等土传病害，对不良土壤环境适应性强。

（2）威壮贝尔。高抗疫病、根腐病、青枯病、根结线虫病等多种病害。耐寒、耐高温、耐湿，根系健壮，毛细根再生力强，生长旺盛。嫁接后的植株坐果率明显提高，产量提高 40%以上，且不会改变原有接穗的性状。嫁接成活率高达 90%以上，易嫁接，好管理。

（3）卡特 188。亲和性好，根系发达。对疫病、死果、青枯病及根部病害有很高的抗性，明显增加产量。

（4）优壮。生长势强，根系发达。亲和力强，嫁接成活率高，抗早衰，抗病性好，可周年栽培。对病毒病、黄萎病、枯萎病、青枯病、疫病等具有很好的抗性。

（5）东洋强势。国外引进杂交砧木。高抗辣椒的疫病、根腐病、茎腐病、根结线虫病、青枯病等土传病害，嫁接后坐果集中。

（6）TANTAN。根系发达，吸收能力强，保持植物生长势稳定，亲和力强。抗疫病，对不良土壤环境适应性强。

4. 茄子常用砧木

（1）茄砧 1 号。为早中熟茄子砧木。植株生长势强，株形半直立。耐寒性强，种子易发芽，高抗青枯病。

（2）托鲁巴姆。原产于美洲的波多黎各地区。该品种的主要特点是同时抗 4 种土传病害（黄萎病、枯萎病、青枯病、根结线虫病），达到高抗或免疫程度。植株生长势极强。根系发达，粗长根较多并呈放射状分布，吸收水分、养分能力强。嫁接后除具有高度的抗病性外，还具有耐高温干旱、耐寒、耐湿、耐盐的特点，嫁接亲和力好，生长势强，嫁接后的茄子品质不变，使产量成倍增长。果实品质极佳，总产量高。

（3）惠美砧霸 F1。新育成的无刺托鲁巴姆，由日本引进的一代交配。嫁接茄子亲和力好，成活率高，根系发达，植株长势强，抗枯萎病、青枯病，特抗根结线虫病害。

（4）金钻 8 号。台湾引进的一代交配茄子嫁接专用砧木。出苗时间仅需 7～8天，比托鲁巴姆出苗时间早，成活率高，根系健壮，高抗线虫病。黄萎病、枯萎病、青枯病等土传病害；嫁接成活率高，对茄子品质无不良影响。刺少易操作，茎秆硬，不倒伏。根系发达，对低温干旱等逆境的抵抗能力增强，植株生长旺盛，坐果率高，采收期延长，产量显著提高。该品种也可作为嫁接番茄的砧木。

（5）改良托托斯加。嫁接茄子和番茄的两用砧木，易发芽，生性强健，易亲和，成活率高，嫁接后的茄子及番茄高抗黄萎病、枯萎病、青枯病、根结线虫病等土传病害，长势强健，结果期延长约两个月，产量提高。

（6）摩西。杂交一代茄子砧木，专门用于升级换代国内普遍使用的野生砧木。该品种种子大，出苗快。胚轴粗壮，结实，适合各种类型接穗，抗性全面，升级和弥补了野生砧木在抗病性上的盲区，并提高了对根结线虫病和黄萎病、枯萎病的抵抗能力，抗寒性提高，耐涝性提高，提高坐果能力和膨果速度，有效延长采收期。不影响茄子任何品质，嫁接后茄子整齐度好，亮度增加，中后期产量明显，是目前茄子栽培的理想选择砧木。

三、嫁接方法

嫁接方法根据砧木和接穗的切削方式、固定工具的不同，可分为劈接、套管嫁接、插接、平接等。具体的番茄、甜辣椒嫁接苗生产技术见北京市地方标准《番茄嫁接苗生产技术规程（DB11/T 919—2012）》与《辣（甜）椒嫁接苗生产技术规程（DB11/T 920－2012）》。

1. 劈接

在砧木离地面 5～8 厘米处横切，去掉上部，嫁接时去除砧木的叶片，再从茎中间垂直劈开，开口深度为 1.0～1.5 厘米。接穗在 2～3 片真叶下方切成双面楔形，然后将切好的接穗插入砧木劈口，再用嫁接夹固定。

2. 插接

砧木嫁接前一天浇透水，插接前先将砧木第 1 片真叶上部 0.5 厘米的茎部切断，用约 0.25 厘米宽的自制小竹刀沿叶腋与茎纵向呈 45°斜插入茎内，形成插接切口，深 1 厘米，以不穿透茎为准；接穗留顶部 2 片真叶，用刀片将茎向下削成楔形，立即插入砧木切口。接穗靠砧木切口和叶柄支撑固定，插接后不需要用嫁接夹或套管固定。嫁接完成后，直接将薄膜覆盖在幼苗上，下部薄膜用穴盘底部压住，保持温湿度。

3. 贴接

选取茎粗相近的砧木与接穗进行嫁接，在砧木离地面 5～8 厘米处用嫁接刀对砧木呈 45°斜向下切断，切口长 0.8～1.0 厘米。去除砧木的叶片，接穗保留 2～3 片真叶同样呈 45°斜向下切断，切口长 0.8～1.0 厘米，用白色嫁接夹将砧木和接穗对齐和固定。

4. 套管接

在砧木离地面 5～8 厘米处用嫁接刀对砧木呈 45°斜向下切断，切口长 0.8～1.0厘米；嫁接时去除砧木的叶片，然后接穗保留 2～3 片真叶在与砧木粗度相近的地方，呈 45°斜向下切，切口长 0.8～1.0 厘米，套上套管；最后将接穗与砧木对齐。

四、嫁接苗管理

嫁接苗从嫁接到嫁接苗成活，一般需要 10 天左右的时间。这个阶段的管理至关重要，必须精心“护理”，严格按照技术要求进行管理，保证嫁接茄苗的成活率。

1. 温度管理

嫁接后的前 3 天白天温度在 25～27℃，夜间 17～20℃，地温在 20℃左右；3 天后逐渐降低温度，白天 23～26℃，夜间 15～18℃；10 天后撤掉小拱棚进入正常管理。

2. 湿度管理

嫁接后的前 3 天小拱棚不得通风，湿度必须在 95％以上，小拱棚的棚膜上布满雾滴；嫁接 3 天以后，必须把湿度降下来，要保证小拱棚内湿度维持在 75％～80％。每天都要进行放风排湿，防止苗床内长时间湿度过高造成烂苗；不要让水滴抖落在苗上。苗床通风量要先小后大，通风量以通风后嫁接苗不萎蔫为宜，嫁接苗发生萎蔫时要及时关闭棚膜。

3. 遮阳管理

嫁接后的前 3 天要求白天用遮阳网覆盖小拱棚，避免阳光直射小拱棚内。嫁接后 4～6 天，见光和遮阳交替进行，中午光照强时遮阳，同时要逐渐加长见光时间，如果见光后叶片开始萎蔫就应及时遮阳；以后随嫁接苗的成活，中午要间断性的见光，待植株见光后不再萎蔫时，即可去掉遮阳网。

4. 成活后管理

10 天后，嫁接苗开始生长，去掉小拱棚转入正常管理阶段，及时抹除砧木上萌发的枝蘖。这时要注意温度不要忽高忽低，预防苗期病害的发生。温度管理，白天控制在 25～27℃，夜间 15℃左右。水分管理以见干见湿为原则，既不能浇水过多，也不能过分干燥。当发现表土已干且中午秧苗有轻度萎蔫时，要选择晴天上午适量浇水，水量不宜过大。定植前 5～7 天，要加强通风，降低温度进行炼苗，使苗子敦实健壮以适应定植后的田间环境。当嫁接苗6～7片真叶时可以定植。

第二节　番茄小苗龄嫁接技术

小苗嫁接技术是近几年发展起来的嫁接技术，因其操作简便，省时省工，节约育苗时间，增加育苗的茬口，深受育苗专业户的青睐。常规苗嫁接一般是砧木和接穗 4 叶 1 心时进行，小苗龄嫁接一般在砧木和接穗具有 2 叶 1 心或者 1 叶 1 心时进行。

一、砧木与接穗播种时期

根据砧木与接穗的生长特性及茎的粗度确定二者中哪个提前播多少天，要求嫁接时二者茎的粗度相一致。如：若以‘砧爱 1 号’‘砧芯 1 号’为砧木，可比接穗‘京彩 6 号’早播 10 天左右；若以‘砧棒 1 号’为砧木需要早播20～30天。

二、嫁接时期

接穗选取长势整齐一致，有 1～2 片真叶，叶色深绿、无病虫或损伤的植株进行小苗嫁接。

三、嫁接前准备

提前搭建小拱棚，嫁接前，搭建好小拱棚，棚内提前消毒，地面或育苗床增加湿度达 95%。棚外一层覆盖塑料薄膜，加盖一层遮阳网，准备好嫁接刀。

四、嫁接方法

采用套管斜接法进行嫁接。嫁接前，将刀片用酒精消毒。用刀片在砧木子叶上方 1 厘米处，沿 30°向上切断，形成楔形断面约 0.2 厘米，用套管套住砧木；接穗在子叶上方 30°向上切成楔形。将接穗楔形切面套入套管中，使砧木、接穗的楔形切面紧密结合，套管固定住即可。注意使用的套管的内部直径大约在 2 毫米，套管要有一定的弹性，保证砧木和接穗愈合后随着茎粗的增加，套管会自动脱落。

五、嫁接后定植前温湿度及光照管理

1. 温度管理

嫁接后第一周，小拱棚内温度为28℃。

2. 湿度管理

将嫁接苗放置在空气湿度保持95%的小拱棚内，前3天小拱棚密闭，第四天早晚各通风10分钟，第五天早晚各通风20分钟，第六、七天早中晚各通风30分钟，第八天晚上不关闭通风口，观察嫁接苗有无萎蔫情况，及时调整供水情况和关闭通风。

3. 光照管理

前3天遮阳，减少叶片蒸腾失水，第四、五天通风遮阳，第六天早晚各光照30分钟，第六天后逐渐每天增加光照时间，定植前3天完全揭开遮阳网，让幼苗适应高强光，同时炼苗。

定植前，选取嫁接面愈合良好、长势整齐一致、叶片无损伤的嫁接苗。定植时，不要掩埋嫁接愈合面，防止嫁接愈合面或接穗长出新根，否则就失去了嫁接的意义。

六、定植后管理

定植后缓苗前白天温度保持在25～30℃，夜间温度为15～16℃，注意保温保湿。其他管理措施参照常规管理。

第三节　黄瓜双砧木嫁接技术

所谓双砧木嫁接就是将一个接穗同时嫁接到两个砧木上，相较于常规嫁接，双砧木嫁接的优势在于扩大了嫁接苗根系量，嫁接苗的水肥吸收能力、抗病能力以及对逆境的耐受性大幅提高，进而显著促进产量的提升。

以黄瓜为例，简单介绍双砧木嫁接关键技术点。

一、砧木的选择

嫁接常用砧木有黑籽南瓜、白籽南瓜和褐籽南瓜，采用双砧木嫁接时既可采用同种砧木，也可采用两种不同砧木进行组合。

二、播种期的调整

接穗与褐籽南瓜可同期播种，黑籽南瓜或白籽南瓜宜较接穗延后1～2天播种。

三、嫁接适期

砧木幼苗第一片真叶展开、接穗幼苗2片子叶展平并且心叶微露为嫁接适宜时期。

四、嫁接前准备

嫁接前搭建好嫁接工作台，准备好细竹竿和薄膜及遮阳网（做遮阳小拱棚用）、锋利刀片、方口嫁接夹、药壶及消毒药剂等，嫁接场所覆盖遮阳网。嫁接前一天，采用上部喷水方式为接穗和砧木补水，同时对幼苗进行清洗除尘。

将砧木苗浇透水（渗水的办法），并用75%百菌清可湿性粉剂800倍液对砧木和接穗均匀喷雾，一是起到预防病害的作用，二是将幼苗冲洗干净，以免影响嫁接成活率。

五、嫁接方法

双砧木嫁接的方法以“双贴法”为主，具体操作流程如下：首先是削切砧木，将两株砧木苗取出，起苗时尽量少伤根，砧木分别去掉1片子叶和生长点，用刀片呈30°角从一片子叶基部由上向下斜切，将另一片子叶连同心叶及腋芽一起切掉，注意不要削出茎部空腔，要求切面平滑、一刀完成，长度为0.5～0.6厘米；其次是削切接穗，在接穗子叶下方1～1.5厘米处切出长0.5～0.6厘米的双楔形，楔形两个斜面的角度均为30°；最后是嫁接。

砧木和接穗削切完成后，将接穗苗夹在两个砧木苗中间，使切面对齐、对正、贴合紧密，接口用嫁接夹固定，再将嫁接好的苗子移栽到营养钵中，嫁接完成。

六、嫁接后管理

嫁接苗及时摆放入遮阳的小拱棚，喷施50%多菌灵500倍液或75%百菌清800倍液以防接穗萎蔫和伤口感染。

前3天要用遮阳网，并覆盖薄膜，使苗床内的空气湿度保持在90%以上，白天温度控制在25～30℃，最高不能超过32℃，夜间18～20℃；从第四天开始，每天早上、晚上让苗床接受短时间的弱光照，并适当放风，降低小拱棚内的空气湿度，避免因小拱棚内空气湿度长时间偏高，造成伤口腐烂。放风口的大小和通风时间的长短，以黄瓜苗不发生萎蔫为标准，其间，小拱棚内湿度不够可叶面喷雾补湿，以后可逐渐延长通风见光时间，每天适宜的光照时间以瓜苗不发生萎蔫为标准。嫁接7～10天后心叶开始生长，标志嫁接成活，即可转入正常管理。

CHAPTER 3

第三章

病虫害防控及绿色安全生产技术

第一节　土壤消毒技术

土传病害是指由生活在土壤中的病原物从作物根部或根、茎交界部侵害作物而引起的病害。这类病害传染性强，当环境条件适宜时便迅速蔓延。土传病害的病原物主要在土壤里越冬（夏），且在土壤里存活时间较长，如瓜类枯萎病菌可在土壤里存活5年之久，故称为土壤习居菌。土传病原物一般是通过土壤、肥料、灌溉水等进行传播，以侵染植株地下部位的根茎为主，且能侵染植物的维管束。病原物在维管束里繁殖，阻塞其输送营养物质，在短期内致使整株植物枯萎死亡。

引起土传病害发生的病原物包括细菌、真菌、植物病原线虫、病毒、地下害虫、杂草种子等，常见的土传病害主要有青枯病、枯萎病、猝倒病、灰霉病、立枯病、疫病、根腐病、根结线虫病、胞囊线虫病、黄萎病、菌核病、软腐病、病毒病等。

土传病害的发生具有隐蔽性，发病初期不易被识别，大多在结果期才达到发病高峰，一旦发生，再防治就很困难，常常引起毁种或绝收，因此损失巨大。保护地复种指数高，作物种类单一，特定的土壤生态环境直接或间接提高了土壤中病原物的种群数量，导致土传病原物大量积累，进而引起植物土传病害的大发生。作物的产量及品质通常在栽种3～5年后受到严重影响，由土传病害造成的农作物产量损失通常会达到20％～40％，严重地块可能高达60％，甚至绝收。

土壤消毒是一种可快速、高效杀灭土壤中真菌、细菌、线虫、杂草、土传病害、地下害虫、啮齿动物等的技术，能很好地解决高附加值作物连续种植中的重茬问题，并可提高作物的产量和品质。作为一种高效防治土壤病虫草害的技术，土壤消毒在国外广泛使用，商业化应用已超过50年，种植户通过土壤消毒获得了较高的作物产量和品质。土壤熏蒸是解决作物重茬问题最直接、有效的手段，是防治土传病虫草害的重要措施。土壤消毒主要有以下方法。

一、物理土壤消毒技术

物理土壤消毒技术指采用物理学方法杀灭土壤中的病虫草害。常用的方法主要有太阳能消毒技术、蒸汽消毒技术、臭氧消毒技术、火焰消毒技术等。

1. 太阳能消毒技术

太阳能消毒技术是指在高温季节通过较长时间覆盖塑料薄膜来提高土壤温度，以杀死土壤中包括病原菌在内的许多有害生物。由于它具有操作简单、经济适用、对生态友好等诸多优点，其研究和应用日益受到人们的重视。

太阳能消毒技术要点：

第一，在气温较高的夏季进行。

第二，旋耕土壤，安装耐热的滴灌带。

第三，覆盖较薄的透明塑料薄膜，建议厚度为25～30微米。

第四，滴水30～40升/米^2，保持土壤湿润以增加病原休眠体的热敏性和热传导性能。

第五，如果可能，在夏季将温室或大棚塑膜覆盖，以提高效果。

第六，结合耐热生防菌可取得更好的效果。如果无耐热滴灌设施，可以先将土壤浇透，当土壤相对湿度为65%～70%时，进行旋耕，然后覆盖透明塑料薄膜。在夏季保持太阳能消毒4～6周，对土传病害有较好的防治效果。实际生产中，太阳能消毒的效果受气候的影响，效果经常不稳定，特别是土壤10厘米以下的温度很难达到50℃，因而效果有限。

2. 蒸汽消毒技术

蒸汽消毒技术是通过高压密集的蒸汽来杀死土壤中的病原生物。此外，蒸汽消毒还可使病土变为团粒，提高土壤的排水性和通透性。

（1）蒸汽消毒特点。

①消毒速度快，均匀有效，只需用高压蒸汽持续处理土壤，使土壤保持70℃，30分钟即可达到杀灭土壤中病原菌、线虫、地下害虫、病毒和杂草的目的，冷却后即可栽种。

②无残留药害。

③对人畜安全。

④无有害生物的抗药性问题。在欧洲，蒸汽消毒技术被广泛使用。

（2）根据蒸汽管道输送方式，蒸汽消毒有以下种类。

①地表覆膜蒸汽消毒法：即在地表覆盖帆布或抗热塑料布，在开口处放入蒸汽管，但该法效率较低，通常低于30%。

②管道法：即在地下埋一个直径40毫米的网状管道，通常埋于地下40厘米处，在管道上，每10厘米有一个3毫米的孔，该法效率较高，通常为25%～80%。

③负压蒸汽消毒法：即在地下埋设多孔的聚丙烯管道，用抽风机产生负压将空气抽出，将地表的蒸汽吸入地下。该方法在深土层中的温度比地表覆膜高，热效率通常为50%。

④冷蒸汽消毒法：一些研究人员认为85～100℃的蒸汽通常杀死有益生物如菌根，并产生对作物的有害物质，因此，提出将蒸汽与空气混合，使之冷却到需要温度，较为理想的温度是70℃，30分钟。

温度与杀死病原菌的关系见图3-1。

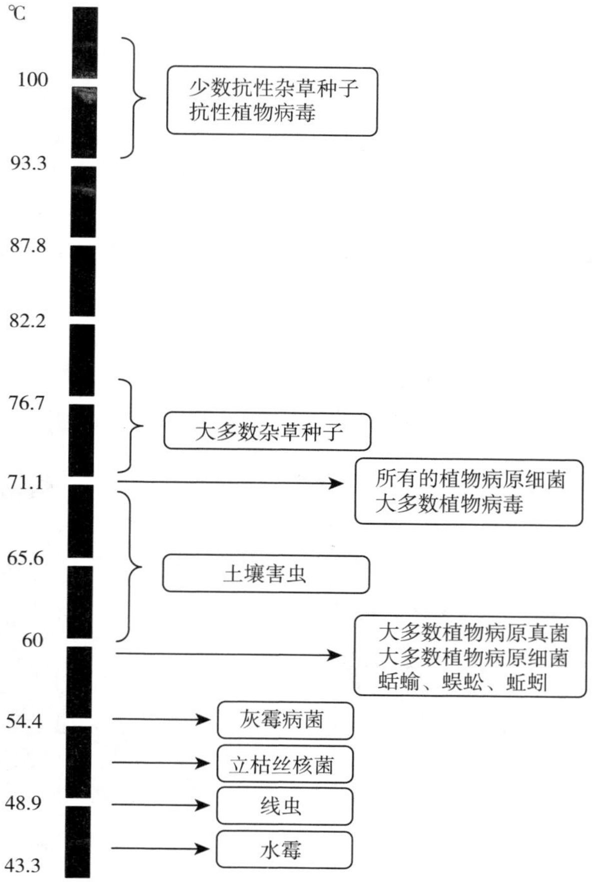

图3-1　杀死有害生物所需的温度

蒸汽消毒就是用蒸汽机将水变成蒸汽或者高热消毒作物生长的媒介。蒸汽消毒是一种非常有效的土壤消毒方法，能杀死各种病虫害和杂草。但是高耗能阻碍了这项高成本技术的广泛使用，通常用于无土栽培基质的消毒。

蒸汽的产生可以靠多种能源，例如天然气、煤、柴油。使用蒸汽消毒的土壤要保证潮湿，产生蒸汽的滴管安装在土壤深度为30～40厘米处或者是种植区域里。

土壤或其他种植机质的表面要覆盖耐高温薄膜。在蒸汽机的压力下产生的高温（80～100℃）蒸汽直接被使用。

一般蒸汽消毒需要30～45分钟，如果土壤里有大量的铵及锰或其他生长基质则需要更长时间（1个多小时）。如果蒸汽消毒时间不足（少于20分钟）或蒸汽温度偏低（低于80℃）则不能达到很好的防治效果。因此，使用蒸汽消毒技术一定要遵循温度及时间的规则。

3. 臭氧消毒技术

臭氧具有强氧化性，因而具有消毒、杀菌、除臭、防霉、保鲜等功能。臭氧对细菌、病毒等微生物内部结构有极强的氧化破坏性，可达到杀灭细菌繁殖体、芽孢、病毒、真菌和原虫胞囊等各种微生物。而且臭氧在消毒杀菌过程结束后，还可以自然分解还原成氧气，对土壤和空气都不产生任何残留和二次污染。

臭氧消毒方法是将臭氧溶于水中，其水溶液臭氧水具有良好的杀菌作用，将这种溶有臭氧的水溶液均匀施入土壤中。

（1）臭氧水消毒的方法。

①将臭氧机接好电源和滴灌设备，调节好混合器，如图3-2所示。

②铺设塑料膜，薄膜四周用反埋法压紧，如图3-3所示。

图3-2　臭氧发生器

图3-3　铺设塑料膜

③使用机器产生臭氧。

④处理过的臭氧水浇地，进行土壤消毒，如图3-4所示。

（2）影响杀菌作用的因素。

①pH：用臭氧水溶液消毒时，若pH增高，则所需浓度必须增加。

图 3-4 臭氧水浇地

②湿度：用臭氧熏蒸消毒时，相对湿度高则效果好，低则效果差，对干燥菌体几乎无杀菌作用。

③温度：温度降低有利于臭氧的溶解，可增强其消毒作用，甚至在 0℃亦能保持较好的杀菌效果，如水温为 4～6℃时，臭氧杀菌用量为 100，水温 10～21℃时为 160，水温 36～38℃时则为 320，有机物可降低其杀菌作用。

4. 火焰消毒技术

火焰消毒技术是将天然气、丁烷或煤油喷射在一个特定的面罩下，土壤以匀速流过面罩，在火焰的高温下杀死地下害虫、线虫、杂草和病原菌。该技术由中国开发并逐渐商业化应用。该技术的优点：

（1）成本低。

（2）不用塑料布。

（3）无水污染问题。

（4）无地域限制。

（5）消毒后即可种植下茬作物。火焰消毒机见图 3-5。

图 3-5 火焰消毒机

二、化学土壤消毒技术

化学土壤消毒技术是将化学熏蒸剂注入土壤中而发挥消毒作用，用来控制土壤中存在的多种病虫害，包括杂草、线虫、真菌和其他病原体，还有地下害虫。根据熏蒸剂在常温下的物理状态，可分为气态熏蒸剂、液态熏蒸剂和固态熏蒸剂3种。常见的气态熏蒸剂有硫酰氟（SF）等，液态熏蒸剂有氯化苦(Pic)、威百亩（MS）、二甲基二硫（DMDS）、1，3-二氯丙烯（1，3-D）等，固态熏蒸剂有棉隆（DZ）、氰氨化钙（CC）等。以下主要介绍棉隆、威百亩、辣根素（异硫氰酸烯丙酯）的施用方法及注意事项。

1. 棉隆的施用

对于种植中的土传病害、根结线虫和杂草问题，棉隆是一种非常有效的熏蒸剂。这种药剂同土壤中的水发生反应，变成气体产生异硫氰酸甲酯(MITC)，MITC对土壤中的病害、地下害虫、根结线虫，特别是杂草均有良好的效果。

棉隆在保护地栽培中，通常用量为400千克/公顷。施药前应尽可能让土壤保持一段时间的湿润。棉隆可以用手或专用机械均匀洒在土壤表面，然后用旋耕机将药剂与土壤混匀，然后覆盖塑料薄膜。

如果土壤较干，将药剂用旋耕机旋耕后，应铺设滴灌管，然后覆盖塑料薄膜，通过滴灌系统浇水，直到达到田间持水量。棉隆应封闭覆膜熏蒸3～4周，然后敞气时间2～3周，温度低时覆膜和敞气时间应延长（图3-6、图3-7）。

图3-6　棉隆撒施机

2. 威百亩的施用

35%威百亩水剂是一种具有熏蒸作用的二硫代氨基甲酸酯类杀线虫剂。在土壤中逐渐放出异硫氰酸甲酯，杀灭土壤中的根结线虫、土传病原菌、地下害虫、螨类及杂草。

图 3-7 棉隆秸秆还田一体机

威百亩有很好的水溶性，可通过滴灌施药（图 3-8）。在覆盖塑料薄膜后且边缘用土密封后，威百亩通过滴灌系统按农药登记剂量施用。在施用过程中，保持密封是非常重要的。

图 3-8 威百亩施药方法

因为威百亩有强烈的味道，并能伤害到施药温室附近 20～30 米处的树木，施药地应该与居住地保持 200～300 米的距离。熏蒸揭膜后，通过安全性测试后，才能移栽番茄幼苗。

3. 辣根素（异硫氰酸烯丙酯）的施用

辣根素是从辣根、芥菜等十字花科植物中提取出来的一类天然含硫次生代谢产物，主要成分为异硫氰酸烯丙酯（AITC），具有高效的杀菌、杀线虫和杀虫活性。2018 年该药剂首次在国内登记，包括辣根素原药和 20%辣根素水乳剂。辣根素作为一种植物源性生物农药，其推广应用对解决蔬菜绿色和有机农业生产上的根结线虫问题，保障蔬菜绿色产业健康发展具有重要意义。通过使用辣根素进行土壤消毒处理，可防治枯萎病、黄萎病、疫病、根结线虫病等多种土传病害。

（1）施用方法。

①田园清洁，将棚室内上茬作物清理干净，彻底清除病残体、废弃物等。

②根据不同作物施用适宜有机肥料，深耕土壤30～40厘米。

③在处理前应确保无大土块，土壤湿度必须在50%～75%（手捏成团，1米高度落地即散），温度较高季节的晴天进行消毒效果最佳。

④做畦，铺设滴灌系统，滴灌测试，检查滴灌管是否有堵塞。

⑤覆盖塑料膜，整体或单垄覆盖，0.04毫米厚度以上塑料膜效果最佳，四周压实，尽量使塑料膜紧贴地面，检查塑料膜是否有破损，如有及时修补。

⑥施药前，先用清水滴灌5～15分钟。

⑦配兑药剂，现用现配，亩用药量4～6升/亩。将20%辣根素水乳剂稀释20～30倍，利用文丘里等系统滴灌施药，滴灌时间约1.5～2小时（沙土时间短，黏土时间长；浅根系作物时间短，深根系作物时间长），确保施药均匀。

⑧关闭棚室风口，密闭棚室，提高棚室温度。

⑨施药熏蒸3～5天后可揭开塑料膜，为保证消毒效果，可增加熏蒸时间。

⑩揭开塑料膜后要散气5天以上，使气体挥发完全，避免出现药害。

（2）施药注意事项。

①在滴灌施药前一定要检查滴灌管，确保滴孔正常滴水，并且没有跑水等现象，避免在施药过程中出现施药不均匀，导致预防效果降低。

②在施药过程中，避免滴灌管与番茄定植位置距离太远，滴孔中流出的药液未能到达番茄定植区域，或只覆盖了番茄定植点部分土壤，导致预防效果降低或防治效果不稳定。

③每畦最好铺设两条滴灌管，滴灌管的位置应与番茄定植行基本重合，定植时尽量使番茄定植位置与滴灌孔位置重合或接近，保障根系周围土壤可以被药剂有效处理。

④辣根素水乳剂具有很强的挥发性，在土壤施药后要及时覆盖塑料膜，防止药剂从土壤中过快挥发，影响熏蒸效果，薄膜厚度最好在0.04毫米以上。

⑤熏蒸结束后要揭膜散气，夏秋季节温度高，散气5天即可翻耕定植，冬春季气温低时，散气时间可增至7～10天。

三、生物防治技术

生物防治技术主要包括生物熏蒸消毒技术和厌氧消毒技术等。

1. 生物熏蒸消毒技术

通常指通过分解植物代谢物产生挥发性气体以抑制或杀死土传病原细菌、真菌、线虫、杂草等的土壤消毒方法。

生物熏蒸消毒是利用十字花科或菊科植物残体释放的有毒气体杀死土壤害虫、病菌。当植物残体受到外界因素破坏时，体内的葡糖异硫氰酸酯与内源性黑芥子酶接触后立即反应，生成异硫氰酸酯类等多种产物，对有害生物有很好的生物活性；含氮量高的有机物能产生氨，杀死根结线虫等。

使用生物熏蒸消毒技术，既可有效防治土壤病虫害，又可合理利用农业废弃物，节约成本，保护环境，是土壤病虫害防治的重要发展方向。大量的研究表明，可被用作生物熏蒸材料的植物大多为十字花科芸薹属植物（甘蓝、花椰菜、芥菜），这些植物可作为轮作或间作作物以控制土传病害。芸薹属植物组织中重要的次生代谢物质硫代葡萄糖苷（glucosinolates，GSLs）能够分解产生有效杀灭土传病虫害的挥发性化合物——异硫氰酸酯（isothiocyanates，ITCs）。芸薹属植物组织中富含 GSLs，这些物质本身储存在植物细胞中，无生物活性。当芸薹属植物组织在收获后或遇害虫侵袭而遭到破坏时，在水分的参与下，GSLs 被植物体内同一器官不同细胞内的芥子酶水解，即引发“芥子气爆炸”。水解产物为噁唑烷硫酮、腈类、硫类以及异硫氰酸酯类等物质（图 3－9），其中具有生物活性的为异硫氰酸酯类物质，在抑制作物土传病害、改善土壤结构、提高作物产量的过程中发挥着重要的作用。此外，能产生氨气的农业废弃物和家畜粪便也可作为生物熏蒸材料，用于防治土传病害，提高作物产量。

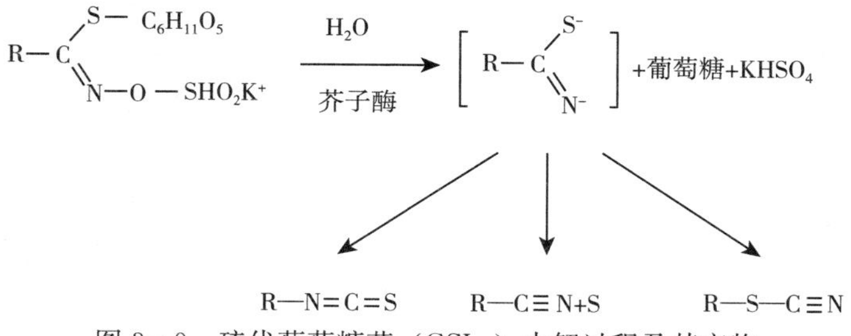

图 3－9　硫代葡萄糖苷（GSLs）水解过程及其产物

2. 厌氧消毒技术

通过向土壤中添加碳源、1%～2%的乙醇等，混匀密闭，使土壤处于一个厌氧的环境，厌氧微生物大量生长繁殖，使土传病菌、根结线虫和杂草得到有效控制。土壤厌氧消毒技术（ASD）作为一种环境友好型——非化学土壤消毒技术能有效抑制真菌、细菌、根结线虫等引起的土传病害以及控制杂草，并可以显著提高作物产量。

在荷兰、美国、中国等国家，ASD 作为化学熏蒸剂的替代技术，广泛用于防治草莓、番茄、黄瓜、香蕉等作物土传病害的发生，提高作物的品质和产量。

（1）ASD土壤消毒技术的操作流程。

①向土壤中添加足够数量的有机碳源并与土壤完全混合均匀，有机碳源可以选择农业副产物稻壳、麦麸、糖浆、甘蔗渣、发酵鸡粪等。

②使用滴灌向土壤中补充足够量的水分，建议田间用水量为30～60吨/公顷。

③使用塑料薄膜（塑料薄膜厚度应大于0.03毫米）覆盖在土壤表面并保持密闭熏蒸3周以上。

（2）ASD的作用机理。

①使用ASD进行土壤消毒过程中有机碳源分解产生的酸类、脂类等挥发性有机物具有杀灭土传病原物的作用。

②使用ASD消毒后可以改变土壤中微生物多样性群落结构，通过土壤中短期严格厌氧环境的刺激促进以梭菌等为主的厌氧微生物的快速繁殖，从而有效抑制病原微生物的生长。

③使用ASD消毒会显著改变土壤铵态氮、硝态氮、有机质、pH、土壤氧化还原电位等物理和化学参数，改良土壤质量，促进作物生长，提高作物的抗病能力，提高对土传病害的抗性。

由此可见，ASD对土传病害防控作用是由ASD消毒过程中土壤生理生化反应以及作物自身抵抗力提高的综合作用的结果。

ASD消毒过程中，田间土壤水含量、土壤结构和类型、碳源添加量和土壤温度等因子会对ASD消毒过程中的土壤厌氧条件产生影响。ASD对作用靶标的防治效果因施药条件和应用技术的差异而不同。ASD技术因土壤条件、碳源种类、覆膜差异等对土壤中真菌、线虫和杂草的防治效果介于59%～94%、15%～56%和32%～81%之间。因此，ASD技术的推广应用需要根据不同的土壤类型、气候条件选择合适的碳源和塑料薄膜的类型以保障ASD技术对土传病害有良好的防治效果。未来的研究应更多关注于优化ASD试验条件，深入探索ASD作用机理，挖掘更多有灭菌活性的挥发性物质或有益生防菌，是提高ASD消毒效果的重要保障。同时，探索ASD技术与其他化学、物理土壤消毒技术结合使用，将有助于提高其防治效果及扩大应用范围，并推动农药减量行动的实施。

第二节　病毒病防控新技术

目前尚无治疗病毒病的特效药，预防和增强果菜抗病性是防控病毒病的主要途径。在预防病毒病的技术中，对种子、传毒介体、幼苗、杂草等是否携带病毒的快速检测技术为病毒病的发生提供预测，正发展成为新兴和必要的关键技术。植物源/微生物源抑制病毒剂、根系促生菌、免疫调节剂等一些生防菌剂、微生物肥料的使用，增强了作物长势和抗病性，也是一种控制病毒病，降低危害的新技术。双链 RNA 技术结合新型纳米递送材料，将为病毒病及其传毒介体的防控提供新型实用技术。正在快速发展的基因编辑技术将有可能提供稳定、高效、特异的病毒病防控技术。这些技术的发展和应用简单介绍如下。

一、快速简便的病毒检测新技术

对种子、传毒介体、幼苗、杂草等是否携带病毒进行快速检测，是阻断病毒病发生和传播的一项新兴技术。携带病毒的种子、小型害虫等传毒介体、幼苗、杂草等植物通常是果菜栽培中病毒病的主要初侵染源。研究已证实番茄黄曲叶病毒（TYLCV）、烟草花叶病毒（TMV）、南方番茄病毒（STV）等均可以通过带毒种子传播，带毒种子萌发的幼苗直接被病毒侵染，形成发病中心，随后在育苗和栽培管理中通过烟粉虱、打叉等农事操作快速传播，甚至造成整个棚室发生病害。因此，对种子等初侵染源进行快速检测是防控病毒病的关键措施之一。目前已较为成熟的胶体金免疫层析测试条技术具有可以在田间地头开展快速检测的优点，已经用于一些常见果菜病毒的检测，如 TMV、番茄斑萎病毒（TSWV）、CMV 等，但这一技术需要制备特异性抗体，对抗体效价要求高，同时对种子、传毒介体中病毒含量相对较低的材料，检测灵敏度有待提高。随着最近基于基因编辑技术和抗体技术开发的新型病毒检测技术，有可能使得测试条检测技术得到突飞猛进的发展，显著提高检测灵敏度，并降低检测成本。此外一些新兴技术如实时荧光定量 PCR、环介导等温扩增（LAMP）技术、重组酶聚合酶扩增（RPA）技术提高了病毒检测灵敏度，但还需进行优化和简化，以便开发出能用于田间地头快速、可视化检测的技术。

二、植物源/微生物源抑制病毒剂

植物源农药具有对环境友好、可生物降解及对非目标生物安全的特点。我国的植物种类繁多、资源丰富，为植物源抗/抑制病毒剂的开发提供了良好的资源库，到目前为止，已经从很多不同科的植物中发现具有抑制病毒能力的化合物，主要包括蛋白质、生物碱、黄酮类、酚类、精油和多糖等。研究发现，苦瓜素（Alpha-momorcharin，α-MMC）预先处理能抑制 TMV 复制增殖，同时诱导水杨酸（SA）防卫反应相关基因的表达及相关抗氧化酶的活性，从而抵御多种植物病毒的侵染。小分子物质脂肪酸（FAs）能影响植物对细菌和真菌的基础抗性，近来研究发现 FAs 可以激活一些防卫相关基因的表达水平来增强对TMV的抗性。研究发现，靛红的丙酮酸缩合物3-丙酮基-3-羟基羟吲哚（3-Acetonyl-3-hydroxyoxindole，AHO）通过特异性的*miRNAs*和*PR10*基因的表达诱导烟草的系统性获得抗性（SAR）从而抵抗番茄斑萎病毒（TSWV）的侵染。从肿柄菊中提取的两种倍半萜类化合物Tagitinin C（Ses-2）和1β-methoxydiversifolin-3-0-methyl ether（Ses-5）能通过抑制TMV的外壳蛋白（CP）和RNA依赖性RNA聚合酶（RdRp）来阻止病毒的复制增殖。据最新报道发现，从树脂大戟（*Euphorbia resinifera*）中分离出的11种化合物均对TMV表现出不同程度的防控和预防效果，其中对TMV抑制活性最高的化合物为HZ-7（Euphorblin E），防控作用和预防作用抑制率分别为67.54%和72.30%（浓度为100微克/毫升），可以作为农业生产中生物源药剂研发的先导化合物，低毒有效地防治TMV。植物源抗病毒剂通过不同的作用途径抑制病毒的侵染，在防治植物病毒病害中发挥着重要的作用，但也存在一些实际的局限性。尽管目前研究人员发现很多植物源化合物都具有抑制/抗病毒的能力，但很多只停留在实验室条件下，同时先前的研究大部分集中在抵抗TMV这一种病毒上，还缺少对其他病毒的研究。

微生物源抗病毒制剂是从真菌、细菌和放线菌等微生物中开发抗病毒物质。研究表明，真菌中的香菇多糖具有抗病毒的活性，其通过诱导寄主植物防卫反应相关基因的表达增强寄主的抗病能力，从而产生对TMV的系统获得性抗性。嘧肽霉素（Cytosinpeptidemycin，CytPM）是一种从土壤中分离筛选出来的不吸水链霉菌辽宁变种（*Streptomyces achygroscopicus* var. *liaoningensis*）产生的次生代谢产物，研究发现其可以在体外直接作用于病毒粒子导致其丧失侵染性，并具有一定的保护和治疗作用，从而保护不同系统寄主植物免受TMV的侵染。从西昌链霉菌（*Streptomyces noursei* var. *xichangensis*）分离出来的宁南霉素（Ningnanmycin，NNM）已经被证明能促进病原相关蛋白和抗性相关基因的表达水平，通过增强寄主植物的SAR来抵抗病毒的侵染。目前，CytPM和NNM已经被应用于生产上植物病毒病的防控。虽然研究人员在开发生物药剂上取得很大的进展，但是从微生物中分离出的抗病毒物质还比较有限，同时有的药剂抗病毒的种类比较单一，需进一步挖掘出更高效、广谱的生物药剂，为植物病毒病害的生物防治提供强有力的武器。

三、根系促生菌增强抵抗病毒能力

一些定殖在植物根系的根际细菌不仅能促进植物的生长，还能诱导植物对病原菌的抗病性，这种诱导的抗性是系统性的，被称为诱导系统抗性（ISR）。通过对根系微生物群落不断解析，已经证明根系促生菌能够抵抗病毒的侵染及病毒的传播。研究表明，定殖在根系的假单胞菌（*Pseudomonas chlororaphis*

O6）不仅能促进烟草的生长发育，同时还能诱导烟草产生对黄瓜花叶病毒CMV的抗性。研究发现，侧孢短芽孢杆菌（*Brevibacillus laterosporus*）B8菌株及其发酵液均能抑制TMV和TYLCV的侵染。此外，根系促生菌还可以通过减少植物病毒的传播介体的数量抵抗病毒的侵染，如，研究发现，枯草芽孢杆菌（*Bacillus subtilis*）BS3 A25处理番茄的种子和叶片后能显著减少介体棉蚜（*Aphis gossypii*）的数量和CMV的发生率。有些根系促生菌能够保护多种植物免受病毒的侵染，同时多个菌株混合后比单个菌株抗病毒的效果更好。研究发现，用含有（IN937a & SE34）或（IN937a &，SE34 & T4）的根系促生菌混合物处理木瓜和番茄的种子后，有助于增强对番木瓜环斑病毒（*Papaya ringspot virus*，PRSV－W）和番茄褪绿斑病毒（tomato chlorotic spot virus，TCSV）的抗性。此外，单个根系促生菌同环境友好的化合物混合使用也能起到抗病毒的效果。例如，用含有枯草芽孢杆菌（*Bacillus subtilis*）、荧光假单胞菌（*Pseudomonas fluorescens*）和壳聚糖的混合物处理南瓜种子，能抑制南瓜花叶病毒（squash mosaic virus，SqMV）的侵染。根系促生菌种类复杂多样，与寄主植物互利共生，使其成为开发植物病毒生物防治剂的重要资源。

四、免疫调节剂

免疫调节剂对植物病毒病害的防治主要是通过激活并增强寄主植物的系统获得性抗性实现的。诱导抗性是指植物在一些非生物或生物物质的刺激下，对随后病原的侵染产生更强烈的防御反应。研究表明，83增抗剂是一种植物抗病毒诱导剂，同时能够促进植物的生长发育、增加产量。壳聚糖是甲壳素脱乙酰化的产物，据前人研究报道，发现其能够防治多种植物上的多种病毒病害，其抗病机制主要是通过诱导一氧化氮、过氧化氢和蛋白激酶的产生及调控钙离子信号通路实现的，目前已在生产中取得良好效果。此外，海藻多糖具有有效的抗病毒活性，其中海藻酸不仅能促进植物生长、发育及激活防御反应，还能诱导TMV的钝化和复制增殖的抑制，研究还发现其可能是通过增强烟草抗病和抗氧化的能力抑制TMV的侵染，在植物病毒病害的生物防治中具有较大的潜在应用价值。此外，研究发现，2，1，3-苯并噻二唑（BTH）通过诱导植物对病毒的侵染产生抗性，如TYLV、CMV、西瓜花叶病毒（WMV）等多种病毒具有较为广谱的诱导抗性和较高的实用性。免疫调节剂不仅可以促进植物的生长发育，还可以通过调节植物的免疫防卫反应来抵抗病毒的侵染，从而实现双赢，在植物病毒病的防治中具有较大的应用价值。

五、双链RNA技术

基于RNA沉默（RNA interference，RNAi）技术，将双链RNA（dsR-

NA）作为RNA沉默的有效激活因子导入番茄细胞内，触发同源靶标RNA序列的特异性降解，实现控制病毒的目的。高效生产双链RNA技术和稳定施用技术是dsRNA技术防控病毒病的关键。新近发展的利用丁香假单胞菌（*Pseudomonas syringae*）生产稳定高效的dsRNA，为生产靶向番茄病毒基因组的dsRNA分子提供了可能，将可以优化作为一种高效、灵活、非转基因和环境友好的技术用于保护番茄免受病毒侵染的危害。同时，结合纳米材料最新进展——使用层状双氢氧化物（layered double hydroxid，LDH）纳米片或纳米材料壳聚糖（chitosan，CS）作为载体来传递dsRNA技术，不仅可以提高dsRNA在植物上的稳定性，而且可以使dsRNA持续缓慢地释放到叶片表面，延长对植物的保护期。这些技术和措施需要在番茄等果菜上进行针对性研究和优化，提升针对侵染番茄等果菜的病毒的dsRNA生产能力、dsRNA喷施技术，以期实现果菜病毒病的高效、绿色防控。

六、弱毒疫苗控制病毒病技术

日本学者基于苹果潜隐球形病毒（apple latent spherical virus，ALSV）具有广泛的寄主范围、较高的潜伏期和诱导系统基因沉默的特征，将带有致病病毒基因片段的ALSV载体制备成ALSV疫苗，发现其能有效地保护寄主植物免受病毒的感染。通过利用含有正番茄斑萎病毒属（*Orthotospovirus*）、马铃薯Y病毒属（*Potyvirus*）、黄瓜花叶病毒属（*Cucumovirus*）等侵染番茄的病毒的基因组部分序列的ALSV接种番茄等作物，抑制了这些病毒对寄主植物的侵染，起到良好的保护作用。根据以上研究结果表明ALSV疫苗仅需要改变病毒基因组片段的插入即可以短时间制备出多种不同病毒的疫苗，将有可能成为有效的生物农药。另有研究发现，将马铃薯Y病毒（potato virus Y，PVY）和TMV基因组中保守且高效表达的siRNA的片段连到烟草脉带花叶病毒（tobacco vein banding mosaic virus，TVBMV）弱毒侵染性克隆上制成单联弱毒疫苗，该疫苗能有效抵御PVY和TMV两种病毒对烟草的感染，为防控侵染茄科作物的病毒病提供了一种新的途径。近年来，随着弱毒疫苗研究的不断深入，越来越多的弱毒疫苗相继问世，将为防治作物病毒病害提供了有效、环保的新途径。

七、基于CRISPR/Cas9基因编辑技术控制病毒

CRISPR/Cas9源于原核生物对病毒的防御系统，目前已经有研究证明该系统也能够抵御植物DNA病毒的侵染。例如，有研究通过将TYLCV编码序列和非编码序列特异的sgRNAs递送到稳定表达Cas9内切酶的本生烟植株上，然后接种TYLCV，发现CRISPR/Cas9系统可针对性地对TYLCV进行

降解并且引起靶标序列的突变，从而有效推迟或减少病毒的积累，使植株表现出消除或显著减轻的感染症状。研究结果表明，CRISPR/Cas9 系统能有效地抵御植物 DNA 病毒的侵染，为培育抵抗多种病毒感染的作物提供一个强大的工具。

CRISPR/Cas9 系统在抵御植物病毒的应用中具有独到的优势，在病毒的基因组中筛选出最有效的作用靶点，设计单一的 sgRNA 可识别和作用于多个 DNA 病毒，从而实现广谱抗病毒的效果。但是该系统易造成靶位点的单点突变，病毒一旦适应这种突变，将会降低甚至丧失对病毒基因组编辑的能力。虽然 CRISPR/Cas9 系统适用于所有的植物 DNA 病毒，但目前尚未发现作用于植物 RNA 病毒的 CRISPR/Cas9 系统，以抵御 RNA 病毒的侵染。此外，利用 CRISPR/Cas9 技术还可以对病毒所依赖的植物基因进行定点突变或编辑，以打破病毒和寄主植物的互作关系，为创造抗病毒作物提供一条行之有效的方法。目前 CRISPR/Cas9 系统应用领域很多，随着人们对该领域的研究深入，将会为植物病毒病防治提供更多有效的工具和思路。

第三节　番茄熊蜂授粉技术

昆虫授粉技术可用于设施蔬菜、果树等作物的授粉，正常条件下使用昆虫授粉，授粉时间可达 1～2 个月。相对于人工授粉，使用昆虫授粉可显著提高作物产量和品质，降低畸形果菜的比率，省工省力。昆虫授粉后花瓣自然脱落，可以降低灰霉病发生，能够减少化学农药和激素的使用，减少化学农药对环境的污染。

一、工具及材料

熊蜂、小凳子、水盆、砂糖或白糖。

二、操作方法

1. 提前预订

熊蜂生产周期比较长，应在番茄开花前 15～30 天提前向厂家定购熊蜂。一箱熊蜂最多使用 1.2 亩田地，超过 1.2 亩的大棚应增加熊蜂箱数。

2. 进棚前准备

熊蜂进棚前，风口设置防虫网。应在棚室上风口、下风口处设置 40～50 目防虫网，既可防止熊蜂从风口逃逸，又可防止蚜虫等小型害虫进入。防虫网要平整、完好，不要出现大褶皱，防止熊蜂被卡死。检查棚膜有无漏洞，棚膜和墙壁间有无大的缝隙，及时修补。确保熊蜂进棚前土壤中未使用对蜜蜂高毒、强内吸性的土壤缓释药剂（如含有吡虫啉成分的一株一片），进棚前一周尽量不使用杀虫剂。

3. 检查蜂群质量

蜂群本身产品质量问题或者经过长距离运输、温度等各种因素都会对蜂群造成影响，使用者收到熊蜂后，一定要在第一时间检查蜂群质量，避免因蜂群出现问题影响授粉效果，也避免与熊蜂生产厂家产生纠纷。正常蜂群应符合以下标准：蜂巢颜色鲜黄色，具光泽，蜂群活跃，震动声响大；每箱蜂有健康蜂王1只，工蜂数量60只以上，蜂巢有大量卵、幼虫和蛹；蜂箱内有保存完好的糖水饲料。

4. 选择合适的进棚时间

作物花开5%～15%时为熊蜂进棚最佳时间。选择傍晚放入熊蜂，静置一小时后打开蜂箱口，有利于熊蜂适应大棚环境。

5. 选择合适的放置位置

2月温度较低时，可将熊蜂悬挂于棚室后墙上或者放置在走道处，离地面1米左右。进入4月中下旬棚内温度升高时，将熊蜂置于棚室中央通风口附近，距地面50厘米左右，上部用挡板遮阳，或者挖0.7米左右深坑放入，蜂箱口距离坑壁有20厘米的空间，蜂箱底部可垫一小凳子，避免受潮，在地上部也要遮阳。蜂箱开口朝南或者东南，易于熊蜂接收阳光，不要把蜂箱放置在作物冠层里，进出口不能有遮挡物，影响熊蜂进出和起落。

6. 控制棚室内温湿度

熊蜂活动的适宜温度为12～30℃，适宜湿度为50%～80%，不耐高温，应控制好棚室内温湿度，为熊蜂授粉创造适宜的环境。

7. 注意农药使用

熊蜂对农药，尤其是杀虫剂类农药高度敏感，随意使用农药会导致熊蜂大量死亡，影响授粉效果。春茬番茄虫害发生较少，防虫网使用规范时基本可以做到不使用杀虫剂。如发生虫害时优先使用天敌防治，利用丽蚜小蜂防治烟粉虱，瓢虫防治蚜虫，捕食螨防治红蜘蛛。需要使用农药时优先使用矿物油、d-柠檬烯等生物类药剂，严禁使用吡虫啉、噻虫嗪、高效氟氯氢菊酯等对蜜蜂高毒、持效期长的农药。使用农药时应将蜂箱搬出棚室，待间隔期过后再将蜂箱放回。具体农药间隔时间可咨询植保技术人员。

8. 定期检查授粉率

当熊蜂访番茄花时，会使用吻将自己固定在花朵上，因此会在花柱上留下点状棕色印记（称为“吻痕”），这是识别熊蜂授粉的主要标记。熊蜂刚授粉后吻痕很轻，不容易分辨，随着时间的延长褐色面积会逐渐扩大，颜色变深，授粉24～36小时后已比较明显，容易观察识别。春季80%以上的花出现褐色吻痕可界定为蜂群正常访花。建议放蜂后每 2～3 天检查一次熊蜂的授粉率。检查时，刚刚开的花不计算在内，新开的花可根据绿色柱头和浅黄色花瓣来分辨，授粉率检查的最佳时机是日落前 1 小时。在恶劣天气或者突然花开的情况下，授粉次数不多，吻痕较少，但一般几天之内授粉率将回归正常状况。

9. 及时饲喂

熊蜂刚购买回来时都由生产厂家自带糖水，而授粉时间超过 2 周以上，需要及时人工补充糖水，保证营养供应。将砂糖或白糖用 80℃左右的热水溶解，溶液浓度为 50%左右，倒入蜂箱中的糖水盒或倒入一个浅盘中放在蜂箱口附近，便于熊蜂发现取食。注意盘中的糖水应 3 天左右更换一次，防止腐臭。另外，在糖水盘旁边放一清水盘，为熊蜂提供清水来源。

第四节　天敌昆虫防治虫害技术

天敌昆虫是一类寄生或捕食其他害虫的昆虫或螨类。利用天敌昆虫或螨类防治害虫，可以有效减少环境污染。因地制宜释放天敌防治害虫，释放瓢虫防治蚜虫，释放丽蚜小蜂或者烟盲蝽防治粉虱，释放捕食螨防治叶螨，释放东亚小花蝽防治蓟马，释放昆虫病原线虫防治韭蛆、蛴螬等地下害虫。

一、工具及材料

根据作物害虫种类，选用合适的天敌品种。

二、操作方法

1. 害虫监测

定植后采用色板监测或目测害虫种群发生情况，发现害虫即可开始防治。色板按 20 张/亩悬挂，每周调查一次。人工调查：5 点取样，每点 10 株，每周调查一次。

2. 释放技术

（1）粉虱类天敌品种。如丽蚜小蜂、烟盲蝽，在定植后 7～10 天释放，丽蚜小蜂按 2 000 头/亩，隔 7～10 天释放一次，连续释放 3～5 次；烟盲蝽按 1 000头/亩，隔 10 天释放一次，连续释放 2～3 次。

（2）害螨类天敌品种。如巴氏新小绥螨、智利小植绥螨在定植后 10～15 天释放，巴氏新小绥螨按 10 000 头/亩，间隔 15～20 天后再按 20 000～30 000 头/亩释放一次；智利小植绥螨按 3 000 头/亩，隔 15～20 天释放一次，连续释放 2～3 次。

（3）蚜虫类天敌品种。如异色瓢虫在定植后 7～10 天释放，瓢虫（卵）按

2 000 头/亩，隔 7～10 天释放一次，连续释放 3 次。

（4）蓟马类天敌品种。如东亚小花蝽、巴氏新小绥螨在定植后 7～10 天释放，东亚小花蝽按 500 头/亩，隔 7～10 天释放一次，连续释放 2～4 次；巴氏新小绥螨按 5～10 头/株，20 天后按 20～30 头/株再释放一次。

（5）鳞翅目害虫类天敌品种。如螟黄赤眼蜂、松毛虫赤眼蜂、玉米螟赤眼蜂。螟黄赤眼蜂针对鳞翅目害虫，每代释放 2～3 次。初次放蜂：害虫卵量不大，放蜂量可少些［0.5 万～1 万头/（亩·次）］；卵始盛期：应加大放蜂量［1.5 万～2 万头/（亩·次）］；松毛虫赤眼蜂针对果树、蔬菜作物，由于害虫产卵期比较长，亩蜂量一般 4 万～6 万头，放蜂 3～5 次，在害虫产卵初期开始放蜂，每次放蜂间隔 5～7 天；玉米螟赤眼蜂在玉米螟产卵初期挂放长效蜂卡，每亩 8～10 卡，均匀挂放，根据害虫发生程度，每次放蜂 0.8 万～1.5 万头，连续放蜂 2～3 次。

第五节　果菜病虫害全程绿色防控技术

果菜病虫害全程绿色防控是在蔬菜生产全过程采取“预防为主，防治为辅”的理念，以病虫害源头控制为核心，以理化诱控、生物防治、生态调控、科学用药等有机结合的病虫全程绿色防控技术体系，覆盖作物产前、产中和产后全过程。该技术体系主要包括全园清洁、无病虫育苗、产前棚室和土壤消毒、产中综合防控和产后蔬菜残体无害处理，有 20 多项核心技术组成。在实际生产上可根据蔬菜种类、病虫种类的不同进行科学选择和组合。

一、全园清洁

做好园区环境的清洁是进行绿色防控的第一步，也是保证绿色防控技术效果的重要措施。通过及时清洁全园，彻底清除病残体、杂草及生产废弃物，切断病虫侵染来源，达到降低病虫害发生概率和危害程度的目的。全园清洁具体内容包括：种植前清除植株残体、杂草，生产中期随时清除棚内摘除的病叶、病果，集中回收生产废弃物等。

二、投入品质量控制

化肥、农药等投入品应选择正规厂家的合格产品，避免因投入品含有禁用农药成分影响农产品质量安全。有机肥应具备产品质量检验合格证，不得含有违禁的农药、重金属残留等。农药不得有除登记有效成分以外的其他非法添加成分。

三、无病虫育苗

种子、种苗携带病原菌是蔬菜病害的重要来源之一。带病虫的秧苗，会造成病虫害提早发生，致使防控难度增大。在育苗环节就需做好病虫防控，培育无病虫的健康壮苗，可以通过选用耐病、抗病品种，种子消毒，苗棚表面消毒，育苗基质消毒，采用防虫网和色板防控害虫，科学使用农药等多项核心技术来完成这一工作。

1. 选用耐抗病品种

根据当地病虫发生特点，选用耐病、抗病优良品种。如针对 TYLCV，可选用京彩 6、京番 309、金棚 11、红贝贝等；针对番茄根结线虫病，可选用京番 308、京番 309、仙客 5 号、仙客 8 号等品种，以及抗性砧木如京欣砧 3 号、茄砧 1 号、果砧 1 号等。

2. 种子消毒

（1）温汤浸种。根据蔬菜种类确定浸种水温和时间，主要用来杀灭种子表面携带的病菌。茄果类种子用 52℃温水浸种 30 分钟，瓜类种子用 55℃温水浸种 20 分钟。

（2）酸处理。预防可能传带的多种细菌性病害，如番茄溃疡病、瓜类角斑病等，宜采用 1%柠檬酸溶液浸泡种子 40～60 分钟，用清水洗净后再浸种催芽。

（3）碱处理。预防可能传带的病毒病，宜采用 10%磷酸三钠溶液，或 0.2%高锰酸钾溶液浸泡种子 30 分钟，捞出后用清水洗净。

3. 苗棚表面消毒

（1）日光高温闷棚。夏季可使用日光高温闷棚的消毒方式，确保棚内温度达到 55℃以上，闷棚 4～5 天。

（2）药剂处理。在育苗前清除棚内杂草和植株残体。根据病虫发生情况选用广谱性杀虫剂、杀菌剂处理棚室表面。建议使用熏蒸性药剂或烟剂，渗透性强，消毒效果好。如 20%异硫氰酸烯丙酯（辣根素）水乳剂 1 升/亩熏蒸处理，硫黄粉 500 克/亩烟熏处理，30%敌敌畏烟剂 300 克/亩、15%腐霉·百菌清烟剂 200 克/亩配合熏蒸处理等。如无熏蒸性药剂，也可用其他剂型药剂在棚内均匀喷撒。

4. 防虫网隔离防虫

在育苗棚室的门口和通风口分别设置 40～50 目防虫网，将出入口、通风口完全覆盖，以阻隔害虫传入。防虫网必须在棚室消毒和育苗前设置，不能等害虫进入后再设置。预防 TYLCV 时建议使用 50 目防虫网。

5. 色板诱杀害虫

应在蔬菜出苗后悬挂黄板诱杀蚜虫、粉虱、斑潜蝇等害虫，悬挂蓝板诱杀蓟马等害虫。悬挂高度应高出秧苗顶部 5 厘米，每亩挂设 25 厘米×30 厘米色板 30 块，或 30 厘米×40 厘米色板 20 块。

6. 出棚前药剂防治

为确保菜苗不带病虫，在幼苗出棚前选择广谱性药剂进行蘸根或喷施处理。生物药剂可选用寡雄腐霉菌、枯草芽孢杆菌和木霉菌等药剂；化学药剂可选用嘧菌酯、苯醚甲环唑、阿维菌素和氟啶虫酰胺等药剂。

四、定植前棚室表面和土壤消毒

棚室内部暴露在空气中的地方，如棚膜、棚架、墙壁、地表面、立柱、架杆（吊绳）等表面都可能黏附病菌和小型害虫。随着蔬菜种植年限增加，土壤中根结线虫、镰孢菌、丝核菌、疫霉菌等多种土传有害生物数量逐年增加，在种植下茬作物前，特别是连茬种植同一种或同一类蔬菜，定植前进行棚室表面和土壤消毒可以显著降低气传病害、土传病害和小型害虫的危害程度或推迟发生时期，减少蔬菜生长期防治次数，降低农药用量。

1. 棚室表面消毒

主要方法包括日光高温闷棚和药剂处理。

2. 土壤消毒

土壤消毒内容参见本章第一节（土壤消毒技术）。

五、产中科学防控

1. 遮阳网防病

为预防病毒病和生理性病害，在高温季节可采用遮阳网技术。通过棚顶覆盖、棚内覆盖、棚网覆盖等方式覆盖遮阳网，隔离害虫与蔬菜，减少害虫危害、控制病毒病发生。夏季高温炎热季节降温保湿；防风、防雹、防暴雨；防止日照过强灼伤作物。不同颜色和不同编织密度的遮阳网遮光率通常为 40%～80%，根据作物的喜光程度，选择合适遮光率的遮阳网。一般以黑色、银灰色在蔬菜覆盖栽培上用得最普遍。黑色遮阳网一般用于夏秋高温季节和对光照要求较低、病毒病害较轻的作物。银灰色遮阳网的透光性好些，且有避蚜作用，一般用于初夏、早秋季节和对光照要求较高的作物，如番茄、辣椒等的覆盖栽培。

2. 防虫网阻隔

定植前在棚室出入口处和通风口完全覆盖防虫网，可有效控制各类害虫进入棚室内部。对蝶类、蛾类害虫选择 20～30 目网，对粉虱、蚜虫、斑潜蝇等害虫选择 40～50 目网。

3. 色板诱杀害虫

在幼苗定植后，每亩分别挂设 3 块黄板和蓝板，用于监测害虫发生动态。

害虫发生后，每亩挂设 25 厘米×30 厘米色板 30 块，或 30 厘米×40 厘米色板 20 块。色板下缘应高出蔬菜顶部 10～20 厘米。

4. 设置消毒垫（池）

对进出棚室的人员做鞋底消毒处理，避免由于人为进出棚室传播根结线虫病、枯萎病、根腐病、疫病等土传病害。推荐在棚室入口处设置消毒池或放置浸有消毒液的消毒垫，消毒液可选用双链季铵盐类、含氯消毒剂等，定期补充。也可选用生石灰消毒，推荐用量 100～105 克/米^2，撒施范围不少于 80 厘米×60 厘米。

5. 合理灌溉

推荐使用滴灌、膜下暗灌等水肥一体化节水灌溉措施，减少用水量和水分蒸发，有效降低空气湿度，减少植株表面结露，延缓和预防病害发生，降低病害发生程度。

6. 蜜（熊）蜂授粉

使用蜜（熊）蜂授粉，替代植物生长调节剂，能显著降低灰霉病发生程度，减少农药用量。同时还可以降低畸形果率，提高果实口感和产品质量。应在作物初花期开始释放蜜（熊）蜂，同时注意确保棚室温度，使用蜜蜂时适宜保持在 14～30℃，使用熊蜂时适宜保持在 12～30℃。应用蜜（熊）蜂授粉时应严格控制农药使用，禁止使用吡虫啉、噻虫嗪、高效氟氯氰菊酯等对蜜（熊）蜂高毒、持效期长的农药，优先采用物理、生态、生物等非药剂方式控制病虫，如确需使用农药应选择芽孢杆菌、苦参碱、氟啶虫酰胺等对蜜（熊）蜂风险性小的农药种类，施药时将蜂箱搬出棚室，安全间隔期过后再搬回棚室。

7. 硫黄熏蒸防病

硫黄熏蒸技术主要用于草莓、辣椒、瓜类等作物白粉病的预防。一般配合电热式硫黄熏蒸器使用，温室内每亩均匀放置 6～8 个熏蒸器，距离地面高度 1.5 米，并在熏蒸器上方 80 厘米处设置防护罩，避免棚膜受损。每次硫黄用量 20～40 克，硫黄投放量不超过钵体的 2/3，避免沸腾溢出。使用时间推荐在晚上 6～10 点，保持棚室密闭至少 5 小时，次日及时进行通风换气。

8. 高效施药器械

优先选用常温烟雾施药机、弥雾机、弥粉机、静电喷雾器等精准高效施药器械施药，提高农药利用率和防治效果，减少农药对环境的污染。

9. 精准施药技术

为解决农民凭经验随意配兑施药，导致病虫产生抗性、效果不好、农药浪费、残留或污染等问题，推荐使用精准施药系列配套量具。配套量具包括一次性注射器、不同规格量杯、10 升水（药液）箱、0.1～10.0 克固体量具、药勺、清洁刷、胶皮手套、施药服等。

10. 天敌昆虫防治害虫

天敌昆虫防治害虫的内容参照本章第四节。

11. 杀虫灯诱杀

杀虫灯主要是利用害虫对光、波、颜色等的趋性，将光波设在特定的范围内，引诱成虫上灯，灯外配以水盆、频振高压电网等，达到杀灭成虫、降低田间落卵量的目的，从而减少虫口密度，控制危害。生产中通常使用频振式杀虫灯，一般每 30～45 亩设置一盏灯。

12. 性诱捕诱杀

性诱捕诱杀技术主要用于露地蔬菜小菜蛾、甜菜夜蛾、斜纹夜蛾、棉铃虫等害虫诱杀。根据害虫发生种类选择相应的性诱剂，在播种前或移栽前 7 天布放，每亩放小菜蛾诱捕器 3～5 个，甜菜夜蛾、斜纹夜蛾诱捕器 1～3 个。不同种类诱捕器联合使用时，需注意性诱剂间的交互影响。未使用的诱芯应低温保存，虫量发生较大时，可与其他防治方法配合使用。

六、产后植株残体无害化处理

农业生产过程中会产生大量的植株残体，如生产中摘除的带病虫的叶片、枝条、果实，整枝打杈除去的枝杈和多余的花、茎、果，还有生产结束后需要拔除的植株。这些植株残体中一般带有大量的病菌、害虫和虫卵，如果随意堆放，会造成病虫大量繁殖，并借刮风、下雨、浇水或施肥等途径在田间大面积传播，为下茬作物提供大量病虫来源，加重下茬作物病虫害发生程度，间接加大农药用量。如园区已有沼气发酵站或其他植株残体无害化处理设备，可采用上述设备进行处理。如无上述设备，可采用简易堆沤处理方式进行植株无害化处理，杀灭残体中携带的各种病菌和害虫，减少病虫初始来源。

1. 太阳能高温简易堆沤

在田间地头选择高于地面、能够直接照射阳光的平坦地块，将植株残体集中堆放后覆盖透明塑料膜，四周用土压实，塑料膜有破损的需用透明胶带补好；保证阳光直接照射，进行高温密闭堆沤。堆沤时间根据天气状况决定，天气晴好气温较高，堆沤 10～20 天，阴天多雨则堆沤时间延长。堆沤温度长时间达 30～75℃，可有效杀灭植株残体传带的多种病虫。

2. 异硫氰酸烯丙酯（辣根素）堆沤处理

将蔬菜残体集中堆放，先将 20%辣根素水乳剂按照 20 毫升/米^3 的用药量均匀撒施于蔬菜残体上，后覆盖完整无破损厚度 0.03 毫米以上的塑料膜，四周用土压实；或先将完整无破损的塑料膜覆盖于蔬菜残体上，后用注射器按照 20 毫升/米^3 的用药量将 20%辣根素水乳剂注射于塑料膜内。处理后密闭熏蒸

72 小时，可有效杀灭蔬菜残体携带的病菌和小型害虫。

第六节　有机蔬菜生产技术

作为可持续发展农业的生产方式之一，有机农业并不排斥其他农业生产模式，而是与高产高效的集约化农业生产模式以及其他提倡保护环境和食品安全的生产模式（如绿色食品）共同存在的。有机农业不是回到刀耕火种时代，而是技术集约型的现代农业生产方法。在提高单产方面引入了传统农业的间作、套种模式，由此可提高 20%～50%土地利用效率（Brooker et al.，2015）。有机农业对农业生产方法提出了更高、更严格的要求，不断引入科技发展新成果、新技术，为食品安全和环境保护提供保障，推动农业可持续发展技术的创新和农业产业的进步。

一、有机蔬菜生产农场系统的建立

有机蔬菜种植基地面积不受限制，但较大面积有利于建立相对独立的园区。园区周边至少 5～10 米的隔离带种植绿篱将有效避免农药飘移和地下水污染的传导。有机农业禁止使用可在生物体或生态系统富集的投入物，特别是具有诱变、致癌可能性的投入物，以减少对环境产生的长期负面影响。其中，矿物质投入应尽最大可能避免带入重金属（IFOAM，2000）。

有机蔬菜生产技术包括土壤肥力恢复和系统化病虫草害综合防治方法。土壤肥力恢复包括：养分回归、养分平衡、养分的高效利用，土壤物理、化学、生物性状的维持与改善，有机质降解过程和生物多样性的维持。有机蔬菜生产严格限制了生产系统外部投入，尽可能应用系统内物质循环，培养生态系统的内稳态机制，将有害生物控制在经济可接受水平以内。病虫草害生态防治基本原理包括避免连作障碍，切断病虫草害生活史与关键预防措施的“组合拳”式综合管理措施。其中优先采用农艺方式、物理方式控制有害生物，保护天敌、释放天敌、增加田间的通风透光性、采用生物防治方法治理病虫草害。应用有机农业标准允许使用的物质防治有害生物作为最后选择。矿物源农药使用的前提是无其他选择，并已经长期在传统农业中使用的物质。即使这样也要严格限制每年使用量，保障对环境没有长期积累的影响（IFOAM，2000）。

二、有机蔬菜生产轮作与间作

连作障碍的起因包括土壤有害微生物，也就是病原菌的聚集、地下害虫的聚集、根系分泌自毒物的聚集、养分吸收偏好问题等。3 年以上轮作就可以有效地控制有害病原菌，趋避地下害虫。农艺方式避免连作障碍的措施包括轮作、间作、套种。轮作是减少连作障碍最有效的措施；间作是指两种以上作物种植在同一地块；套种是间作的一种，是在前一茬作物生长后期，种植另一茬作物，生育期部分重叠。

轮作是传统农业的精华之一，轮作可有效预防土传病害、根结线虫、地下害虫、连作障碍等。轮作是控制植物病原菌最有效、最直接的方法。轮作也有利于解决不同作物吸收土壤养分不同的问题。蔬菜轮作的基本原则是果类蔬菜和根茎叶类蔬菜轮作，生物学上不同科作物之间轮作，深根系作物和浅根系作物之间轮作，连作障碍严重的作物与葱蒜类作物轮作。枯萎病菌在土壤内可存活多年，甚至长达5～6年。轮作最好3年以上，再配合施用有机肥，可以基本控制土传病害问题。

轮作抵御有害生物的原理是某些病原菌只侵染同一种或同一类蔬菜，不影响另一类。同一科的蔬菜，如茄科的番茄、茄子、辣椒，或者葫芦科的南瓜、黄瓜，可能会受到同一种病害的影响。因此轮作要避开种植同一科作物。蔬菜作物至少轮作3年。有害病原菌易感性相似的蔬菜分类见表3-1。其中，F组蔬菜分别可以与其他A～E组蔬菜轮作。

表3-1　有害病原菌易感性相似的蔬菜分类

A组十字花科类	B组豆科蔬菜	C组葱蒜类	D组茄果类	E组瓜类	F组其他
甘蓝	豌豆	洋葱	番茄	黄瓜	禾本科：甜玉米
苤蓝	蚕豆	小葱	茄子	甜瓜	藜科：甜菜、菠菜
菜心	菜豆	大葱	辣椒	西瓜	伞形花科：芹菜、胡萝卜、香菜
花椰菜	毛豆	香葱	酸浆	南瓜	唇形科：薄荷、紫苏、荆芥、
大白菜	豇豆	大蒜	马铃薯	苦瓜	罗勒、草石蚕、牛至、
小白菜		韭菜	香瓜茄	冬瓜	迷迭香、鼠尾草
油菜		藠头		佛手瓜	姜科：姜、姜黄
乌塌菜					菊科：生菜、蒿、苦荬菜、刺儿菜、马兰、莴笋、苦菜、蒲公英、菊花脑、菊芋、茼蒿、落葵
菜薹					秋海棠科：紫背天葵
蔓菁					爵床科：穿心莲
芥菜类					

常规农业生产中也推荐进行轮作，但实际上做到并不容易；而有机蔬菜必须要做到，否则土传病害会成为整个生长期的隐患。甘蓝类蔬菜至少3年以上的前茬不能是十字花科作物，轮作年限越短土传病害发生的风险越大，如甘蓝

根肿病、霜霉病，白菜黑腐病、软腐病等。绿菜花的前茬为芹菜、韭菜、甜玉米等较好。甘蓝类和白菜类蔬菜能够留下大量的收获残留尾菜，每亩约2～3吨，作为绿肥是其他作物的好前茬。可采用茄果类和瓜类的轮作，马铃薯和甜玉米轮作。姜、大蒜的种植最好采用轮作方式。

间作最初的目的是提高单位面积产出和控制病虫害，在有机蔬菜种植中采取与特殊作物间作的方法，趋避害虫和促进土壤养分吸收。套种的目的也是为了提高单位面积产出，至少增加1～2个月的种植时间。间作的原则是喜光和耐阴作物间作、易发生虫害和趋避作物间作、不同科作物间作、生育期长的作物和生育期短的作物间作、喜肥作物和豆科作物间作、深根系作物和浅根系作物间作等。良好的间作可以有效预防病虫害，提高土地和水资源利用效率，间作和套种可增加30%～50%的单产。间作作物之间适宜的株行距可以提高植株间通风与透光特性，降低田间冠层湿度，创造不利于病原菌发生的条件。

间作和套种也可以趋避有害生物，比如草莓间作或套种洋葱可有效避免土壤病原菌传播，间作香辛类和薄荷类驱避植物可以控制虫害传播。生物多样性是大自然选择的结果，而单作是人类自己的“创造”。轮作配合有害生物物理防控方式，可起到消灭有害生物的作用。如土壤日晒消毒，即夏季高温季节采用塑料薄膜覆盖，将土壤温度提高到40～50℃；采用高温蒸汽或者火焰土壤消毒；采用防虫网和薄膜覆盖控制虫害传播；利用有害昆虫的趋色性，用黄色、蓝色诱击板；黑光灯和糖醋液也具有非常好的防治效果，特别是对韭菜蛆采用黑光灯诱击成虫，切断生活史，完全可以达到治愈效果。

间作可以减少病虫草害发生。间作害虫喜食植物或畦埂种植趋避植物，均可以减少虫口密度。间作也可以引进共生固氮作物，由于不同植物根系对根际土壤的影响不同，间作可以促进营养元素的吸收和根际土壤微生态环境。

嫁接技术是有机蔬菜预防土传病害的重要措施。在无法实施轮作的情况下，在番茄、黄瓜、茄子、甜瓜和西瓜等作物生产中嫁接可有效提高产量、抗逆性和抗病性。

天敌，比如七星瓢虫、丽蚜小蜂和智利小植绥满的市场化，为有机蔬菜生产提供了更好的条件。在使用天敌方面要科学、认真对待，给天敌营造符合生存的环境，如种植吸引天敌的植物，促进天敌在农场扎根、繁衍、完成生活史。种植白三叶草、红三叶草，尽可能一次引入，长期有效。在田间地头、田埂种植开花植物，星星点点种植一些树木，给天敌提供栖息地，还能吸引蜜蜂；保留一小片湿地，给青蛙提供生存场所。田埂种植荞麦、红三叶草、白三叶草、草木犀、芥菜、胡萝卜（保留到开花）、茗子、矮生向日葵等，吸引天敌，并为天敌提供栖息地。其他农艺措施包括，覆盖作物可引入共生固氮的同时也具备抑制杂草和病虫害作用。在农场开始有机生产的前几年，可种植病虫害较少作物。选择目标作物适宜的种植时期，延迟或提前种植，避开病虫害高发期。

有机农业植物保护投入品包括3类物质，分别是植物源与动物源物质、天然矿物源物质和天然微生物类。这些物质对害虫均有趋避作用，但杀灭效果低于化学农药。其中植物源与动物源物质包括：藻类制剂、植物油、动物油、蜂蜡、几丁质杀线虫剂、微生物类制剂（如Bt）、咖啡末、明胶、天然酸（如食醋、酵素）、印楝素、蜂胶等。矿物源物质包括：氯化钙、硅藻土、黏土（如珍珠岩、蛭石、沸石）、石硫合剂、高锰酸钾、生石灰、硅酸盐（如硅酸钠、石英）、硫黄、小苏打、铜盐（如硫酸盐、氢氧化铜）。微生物源制剂包括：活体微生物，如真菌制剂、细菌制剂（如 *Bacillus thuringiensis*）等具有生物防治作用的天然微生物类（IFOAM，2000）。

三、有机蔬菜种植中土壤肥力恢复措施

1. 土壤肥力

有机蔬菜生产中土壤肥力是产量稳定核心。土壤是指土地表面具有一定肥力且供作物生长的疏松表层，是经过长期地质演变和岩石分化形成的，仅占地球表面很薄的一层，是人类赖以生存的宝贵财富。农田耕作层通常仅为30～40厘米土层。耕作层土壤涵盖了作物生长介质、营养元素循环与有机质分解、对水体的渗滤和缓冲能力、土壤生物生存场所等综合因素。土壤肥力是指土壤的生产能力，也就是对植物生长支持的能力。维持土壤肥力的“藏粮于土”是有机农业的核心理念。肥沃土壤和退化土壤的生产能力完全不同，土地的价值也不同（李志芳，2003；张侨等，2019）。饮鸩止渴式的生产方式是不可持续的，土壤团粒结构与空气、水平衡见图3-10。

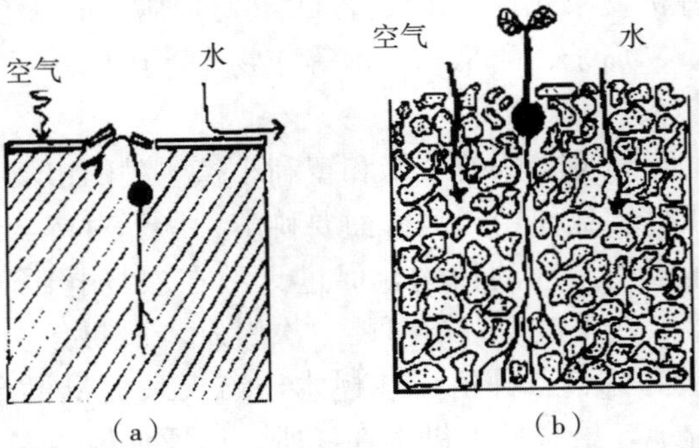

图3-10　土壤团粒结构与空气、水平衡

(a) 板结的土壤　(b) 团粒结构的土壤

2. 土壤本底

土壤本底中45%～50%是固体颗粒，25%为空隙，25%是水，在固体部分2%～5%是土壤有机质。土壤容重体现空气、水和固相部分的比例，受农业机械、水土流失、土壤有机质含量的影响。土壤对农业生物生产潜力的发挥，很大程度上取决于对该作物根系生长的影响，根系生长需要空气、水和植物营养元素以及适宜的生存孔隙。沙壤土质地松，不易板结，透气、排水良好，春季升温快，有机质分解快，耕作方便省工。如果土壤保水、保肥力弱，有效营养元素少，蔬菜易早衰、老化。壤土质地松细适中，保水保肥力较好，土壤结构优良，便于耕作，且含有较多的有机质和矿质营养，是一般蔬菜最适宜的土壤。黏壤土质地细密，吸水力强，排水不良，土面易板结、干裂，耕作不便。春季地温上升慢，土性偏凉，播种后保苗较困难，植株生长迟缓。土壤渗水阻力与容重成正比，而耕作层渗水阻力与根系量成反比（张侨等，2019），如图3-11所示。

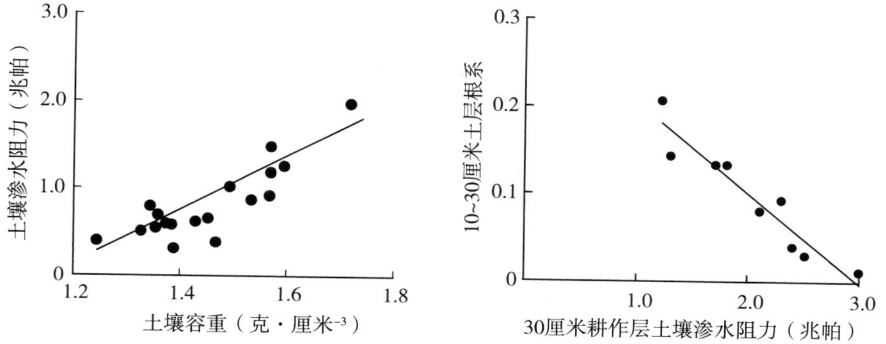

图3-11 土壤容重与渗水阻力成正比，耕作层根系与土壤渗水阻力成反比

土壤的田间持水力、酸碱度、土层厚度、容重等均影响到根系生长和作物健康。土壤含水达到50%的饱和田间持水量时，地表以下1米内土壤里的含水量为250～300毫米。植物根际土壤可利用水分随土壤质地不同而不同，其中沙土13%，沙壤土20%，壤土33%。正是这一原因沙土地比黏质土地的耐旱性低。土壤质地、耕作层结构和团粒结构共同决定了土壤的容重、孔隙度和保水保肥能力。土壤团粒结构决定了植株根系扎根能力及矿质养分的吸收能力。

土壤肥力不是简单地停留在植物营养元素供应能力一个方面，而是涉及土壤从农业到环境等各方面的功能。表层土壤通常具有较高的有机质，并富含团粒结构，因而造就了较好的土壤空隙度、容重、渗水能力和通气性。理想的土壤容重为1.25克/厘米^3。表层土壤囊括了几乎所有的土壤有机质，50%的作物可利用磷和钾。土壤肥力评价体系为土壤物理、化学性状和生物性状3个方面。土壤具备良好的保水和渗水能力时最大限度地吸纳降雨和灌溉水，减少地表径流和土壤渗漏，并促进作物扎根深度，充分利用土壤深层水分。土壤保水能力强时，不仅可以提高灌溉和降雨的利用效率，还是保肥的重要保障。提高土壤渗水和保水能力的一个重要措施，是提高土壤有机质含量，改善土壤结构。其中土壤物理性状包括：土壤质地、容重、孔隙度、持水力、保水保肥能力、耕作层结构、团粒结构等。土壤渗水能力是指单位时间内土壤表层向深层渗透的能力（张侨等，2019）（图3-12）。高效的渗水能力可以避免地表径流和涝害，有效地将灌溉水和降水保留在田间。

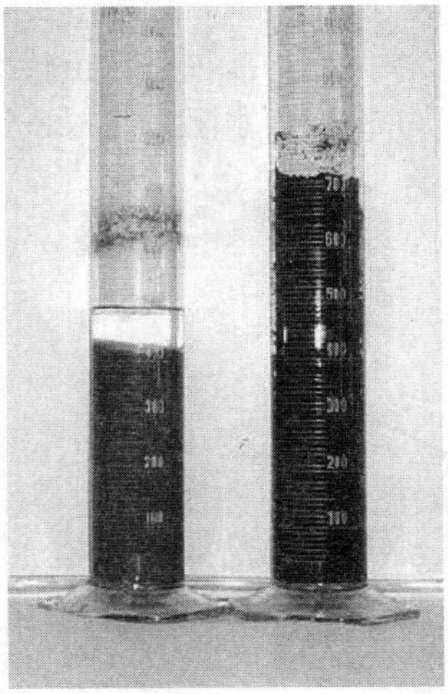

图3-12　土壤渗水能力

（左：土壤缺乏良好的团粒结构，渗水困难；右：具备良好团粒结构土壤渗水迅速）

土壤中有足够的氧气时才能形成大量的侧根和根毛。当土壤水分过多或土壤板结而缺氧时，就会影响种子发芽，根系也由于缺氧而窒息，造成地上部萎蔫，生长停止。作物对磷营养的吸收与根系长度呈线性相关（张侨等，2019）（图3-13）。各种作物对于土壤中氧的含量的反应是不相同的。茄子根系受氧浓度的影响较小，辣椒和甜瓜的根系对土壤中氧浓度降低表现得异常敏感。因此，在栽培上要及时中耕、松土、排水防涝，以改善土壤中的氧气状况。

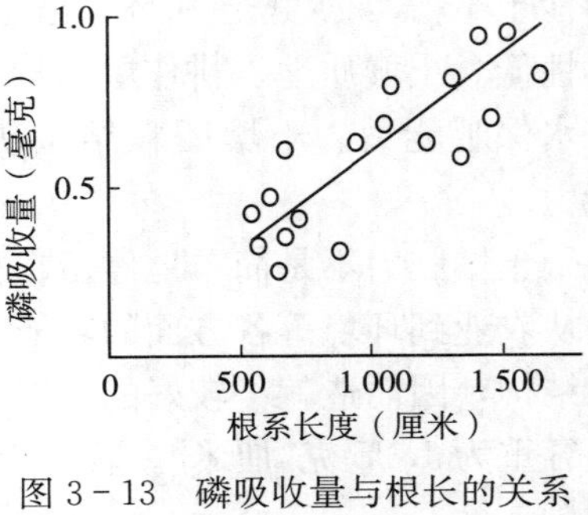

图3-13　磷吸收量与根长的关系

土壤酸碱度也是土壤肥力的重要性状。

土壤 pH 高于 6.8 时，最先缺乏的营养元素为钙和硼。当 pH 处于合理范围内时，施用有机肥的土壤，蔬菜作物一般不缺微量元素。微量元素缺乏仅出现在沙土或者轻质沙壤土环境，或由于土壤酸碱度不适宜，或干旱情况下。

3. 有机菜田土壤矿质营养

矿质养分含量高、保水肥力强、有机质逐步积累、具有丰产潜力的土壤是栽培蔬菜丰产的有利因素。有机蔬菜种植地块，每 4 年分析一次土壤基础养分含量，保护地种植每 2 年一次。在土壤养分供应等级为如下描述的三级标准时，可以保障大部分蔬菜作物养分供应。

土壤矿质营养肥力的 3 级标准：

沙土磷每 100 克为 6～8 毫克，钾每 100 克为 7～11 毫克；

沙壤土磷每 100 克为 6～8 毫克，钾每 100 克为 9～14 毫克；

壤土磷每 100 克为 6～8 毫克，钾每 100 克为 11～16 毫克；

黏壤土磷每 100 克为 6～8 毫克，钾每 100 克为 16～23 毫克。

如果土壤保持 3 级水平 1 年以上，由有机肥和土壤释放的养分与收获流失的养分之间达到了平衡。如果土壤养分水平有所下降，说明土壤养分释放量和有机肥提供的养分不足以抵消收获带走的养分。沙土和沙壤土本身含有的矿物质较少，必须施用天然矿物肥料和有机质来补充，以提高养分含量。土壤养分越低，需要补充的量越大，土壤养分供应水平低于 3 级的按养分不足部分的 1.5～2倍补充。

4. 有机菜田土壤肥力退化的原因

与自然生态系统相比，在土壤不断退化的情况下，作物产量极大地依赖于外部投入。土地抵御自然灾害（如洪涝和干旱）的能力较低，灾害后的恢复能力也较差，这样的农业处在一定的风险中。不适当的农耕措施常常造成土壤肥力的退化。主要原因有以下几点：

（1）收获带出田间养分。由农田产出不断带出土壤矿质养分，采用秸秆还田可以将植物吸收矿质养分的 50%保留在田间。

（2）土壤有机质矿化。土壤有机质本身是一个不断矿化的过程，土壤有机质降解的速度大约为每年总有机质含量的 1%～2%，但根据土壤本底肥力不同而存在较大差异，在 0～60 厘米土壤矿质氮含量为沙土地 2～4 千克/亩，沙壤土 2～10 千克/亩，壤土 2～13 千克/亩。

（3）过量施肥。当植物不能有效吸收土壤养分的时候，过量施肥不仅于事无补，还有可能引起土壤元素积累，造成土壤盐渍化和养分供应不平衡。尽管土壤矿质营养是作物生长必需的，但不是越多越好，过量的矿质营养可造成土壤盐渍化和减产。

（4）土壤生物多样性的缺失。在连作、过量化肥的施用、农药的使用等因素影响下，土壤生物多样性持续降低，造成养分转化障碍、元素积累等问题。

（5）耕作和农事操作碾压。这些操作会破坏土壤团粒结构。

5. 有机菜田土壤肥力恢复

土壤有机质是影响土壤肥力的主要因素，也是肥力水平的重要指标。土壤有机质主要分布于土壤表层30厘米处，即肥沃的耕作层内。该层土壤中的植物营养元素含量和田间持水力分别是耕作层以下生土的3倍和2倍。土壤有机质的降低意味着土壤肥力下降。过度耕作和放牧、完全以化学肥料取代有机肥、掠夺式的收获、连续单一的耕作制度以及水土流失等，都引起表层土壤流失。现代集约农业经营方式加快了耕作层变薄的进程（Foth H. D. et al.，1997）。随着有机质的不断减少，继而造成土地退化和土壤板结，从而影响了作物根分布层的“水-气”平衡，土地耕性和植物营养元素的运动也受到影响。

提高有机质含量是解决土壤退化问题的首要方案（张侨等，2019）（表3-2）。土壤肥力恢复优先提倡农场自身的秸秆、尾菜还田，种植绿肥、豆科植物轮作间作等措施，优先将动植物和微生物残体返回土壤，以提高或至少维持土壤肥力和微生物活性，然后可再补充必要的有机肥。长期定位试验证明，连续17年采取有效的增肥措施，土壤有机质含量增加了18%，而相邻土地的土壤有机质却降低了18%。肥沃土壤的形成是缓慢的，投入有机碳的60%～70%以CO_2形式释放，只有5%～10%可形成新的腐殖质；如果要把17厘米表土的有机质含量提高1%，需要10年时间，每年需施入1 300～2 000千克有机肥（Albrecht，1938）。

表3-2 土壤肥力性状、退化原因和改良措施

土壤肥力	肥力性状表现	退化原因	改良措施
土壤化学性状	有机质含量	长期施用化肥	添加有机肥
	植物营养元素供应	施肥不平衡	有机肥与化肥结合
	土壤 pH	自然原因和化肥施用不当	石灰改良，有机肥缓冲作用
	含盐度	自然因素，灌溉不当，施肥用量	土壤改良，有机肥缓冲作用
	阳离子交换率	盐渍化	有机肥
	重金属污染	自然因素，工业、生活污染，畜牧场污染	生物改良
土壤生物性状	土壤生物多样性 微生物量 微生物活性 病原菌拮抗能力	长期施用化肥，土壤理化性状退化	有机肥，绿肥，秸秆还田

（续）

土壤肥力	肥力性状表现	退化原因	改良措施
土壤物理性状	水土流失抵御能力	有机质含量降低，土壤裸露	团粒结构，土壤覆盖
	耕作层厚度	水土流失，自然因素	避免水土流失
	团粒结构	有机质降低，耕作不当	添加有机质
	容重	土壤板结，有机质降低	添加有机质
	渗水和保水能力	土壤板结，有机质降低	增加土壤有机质
	土壤水含量	土壤板结，有机质降低，田间持水力降低	增加土壤有机质
	土壤温度	土壤板结，有机质降低	增加土壤有机质

土壤肥力建立的基础应当是来自有机生产方式的微生物降解物质、动植物残体。植物营养元素源物质的使用，应当采用可持续和负责任的态度，应尽量减少营养元素从农场流失进入环境。外来肥料可以在一定条件下使用，但该物质的使用必须仅作为营养元素供应系统的一部分，且仅仅是补充，不替代农场内物质的再循环利用。

有机肥是养分含量相对比较平衡的肥料，补充量以氮素计量。除了氮、磷、钾大量元素外，也含有丰富的钙、镁、硫中量元素和微量元素。有机肥最好经过较长时间的腐熟过程。如果没有足够量的有机畜牧业来源的厩肥，可采用常规厩肥，但需要延长发酵时间，并需要关注、最大可能地减少有机肥投入造成的重金属污染。腐熟有机肥具有良好的物理结构，满足植物根系生长的需要，包括良好的透气性是土壤的 3 倍左右，保水和保肥能力为土壤的 15～20 倍。添加有机肥不仅可以提供植物营养，还是土壤生物的食物和能量来源。有机质分解的中间产物有利于土壤团粒结构的形成，为根系生长提供良好的介质。结构复杂的有机大分子还可改良土壤盐碱性状和酸化性状。

有机肥对提高土壤肥力有益的因素包括有机质含量、碱性物质含量、植物营养元素含量（N、P、K、Mg、S）、矿质氮含量（NH_4-N、NO_3-N）。生物因素包括稳定性与腐熟程度、对作物生长的影响、杂草种子含量。常规特征包括含水量、容重/比重、颗粒大小、pH、电导率、环境和健康相关的卫生指标、沙门氏菌和大肠杆菌含量、重金属含量、有机农药残留。有机肥健康安全相关的质量控制包括两个方面：一是直接取样分析终端产品中病原物的含量；二是通过文件分析，如原料、生产过程指标记录（引入 HACCP、温度范围、卫生灭活过程、原料与产品分隔）分析终端产品的卫生情况。有机肥氮素的利用效率 80%以上，不需要施用大量的氮素来维持一定的产量。良好的有机肥标准为：充分腐熟；良好的物理结构，满足植物根系生长的需要，包括良好的透气性、保水和保肥能力；无异味；相对稳定；无病虫害源、杂草种子、污染物；适合植物生长，符合供货商向消费者对产品的描述，而且符合感官质量；原料来源清洁，卫生的、稳定的、腐熟的；黑色，并具有土壤气息；散碎，不干不湿，没有灰尘；容重低，为 0.6～0.8 克/毫升，导电率为 700～900 微秒/厘米。产品应当符合国家堆肥质量标准，包括最低质量要求，以保障对环境和健康不造成危害。最低质量标准包括：最低有机质含量，确保有机肥的有机物肥效，避免无机物和盐分含量的相对增加，包括腐熟程度和稳定性；物理杂物如金属、玻璃、塑料颗粒，颗粒大小都不能超过 2 毫米。对杂草种子和植物病虫害源进行定量规定。

有机肥需要关注的质量问题包括：清洁的有机肥；无直接或间接的环境和健康危害；投放市场不产生其他垃圾；作为基质利用，可以替代部分草炭。外源或者内部循环有机肥，其原料是质量控制最基本的内容，通常原料控制应当是常态化的，包括原料的来源，文件系统的可追溯性，允许官方检查。外购有机肥产品质量应得到第三方的监测，并对适合不同用途给予说明。监测内容包括：清洁的原材料，标准化高质量，第三方检测报告，可追溯系统，质量承诺。

蚯蚓是重要的土壤生物之一，其活动区的土壤有机碳含量为其他区域的 2 倍，氮为 1.3 倍，磷为 7 倍，钾为 6.5 倍；蚯蚓还可提高 4～10 倍的土壤渗水力。在良好的生存环境和具备一定种群数量时，每年每亩蚯蚓可耕作几千甚至上万千克的表土。一方面添加有机肥成为蚯蚓的食物来源，另一方面蚯蚓也加速了所添加有机肥的分解和矿化，并有利于其他土壤微生物的生存和活动（Barley，1959）。另外，蚯蚓还有利于团粒结构的形成和提高土壤空隙度，抑制土壤中的有害生物，提高有益生物种群数量及其活性。蚯蚓是有机农业土壤健康的重要标志，如果土壤中没有蚯蚓，说明土壤肥力某一方面或几个方面出现了问题。

6. 有机菜田土壤养分平衡

土壤肥力的自我恢复是人类几千年农业生产的优良传统和技术精华。土壤有机质可以降低土壤容重，提高土壤孔隙度，形成良好的团粒结构，增强土壤保水保肥能力和缓冲性，进而提高植物根系活力促进植物健康生长。任何改善土壤耕性和土壤有机质含量的措施，均有利于提高田间持水力（Greacen，1983）。植物营养元素源物质的使用，应当采用可持续和负责任的态度，应尽量减少营养元素从农场流失进入环境。营养元素应当在适当的时间和地点使用，达到最优利用效率，有机养分的供应是缓慢而长效的，与环境温度密切相关（Li et al.，2015）。外源有机肥作为土壤肥力恢复和植物营养的必要补充，而不作为土壤肥力恢复的主要措施。氮素营养的基础来源是土壤和前茬种植的豆科绿肥，如三叶草、苜蓿和菜豆等，不足部分可由腐熟厩肥或饼肥提供。

土壤肥力恢复和植物营养保障首先要有利于农场内部的物质循环，包括农业生物有机质堆制和液态腐解。产自农场内部、被称为废弃物的有机质约占植物总养分吸收的40%～50%，这部分有机质是廉价和优质的，提倡尾菜和秸秆的再利用。但源自植物残体携带的病原菌可能会传给后续生长的植株。尾菜和秸秆的利用有3种方法：一是堆制。首先将塑料物质分拣出来，之后将植物残体稍做晾晒后，用粉碎机打碎，集中堆制，这个过程可以长一些，如果添加微生物腐熟剂，堆制过程会大大缩短。二是堆制蚯蚓肥。将打碎的植株残体放在田间地头的箱子里，饲养蚯蚓，产生的蚯蚓肥可以直接施入田间利用。三是直接打碎秸秆还田。

堆制或者秸秆还田的有机质分解分为矿质氮素释放和固定两个同时进行的过程，碳氮比（C∶N）为20～25最适合有机质分解。在这一过程中，除了秸秆的碳氮比外，有机质碳、氮的分解特性也是重要的影响因素。秸秆碳氮比高达60左右，因而直接的秸秆还田，在其腐解的过程中还会固定一定的土壤氮素和作物争夺氮素营养。

豆科绿肥翻入土壤第一年在土壤中的分解量大约是27%～46%。有机肥里氮素利用效率80%以上，同位素示踪研究发现，每1 000千克鲜重的植物残体或者绿肥可以提供2.5～4千克的氮素。豆科绿肥是最容易腐熟的有机质，翻入土壤后的年降解率为，第一年为45%～55%，第二年为10%～25%，当年后茬作物吸收率为6%～25%（Mueller and Sundman，1988）。前茬植物残体以及绿肥释放的氮素，为2～6千克/亩；施用绿肥土壤的有机质含量比清耕土壤高27%，有效磷含量是清耕土壤的2.2倍，有效钾为1.9倍。采用秸秆还田和尾菜堆肥还田技术，可以将外援氮素依赖性减少40%～50%。麦秸、稻秸和玉米秸的矿质养分含量中氮为0.5%～0.63%，五氧化二磷为0.11%～0.4%，氧化钾为0.5%～1.67%，豆秸氮素含量是禾本科秸秆的2～3倍。饼肥是优质有机肥，养分含量中氢为7%，五氧化二磷为1.2%～3.2%，氧化钾为1.3%～2.1%。

有机农业外源肥料只能使用有机肥和天然矿质肥料。按照有机农业法规要求，外源有机肥的使用量为氮素175千克/公顷，也就是每亩使用含氮素1.5%的有机肥777千克。氮素营养为最小限制因子时，在满足环境保护的前提时有40%～50%的地块作物呈现缺氮状态（Kloen and Vereijken，1997）。因而氮素供应是有机农业土壤肥力恢复的重要条件，有机农业产量约为常规农业的65%～70%，氮素营养的开源节流是保障有机农业生产的重要条件之一。土壤本身可以提供一定的营养，有机质含量为2%的土壤，每个月每亩提供氮素约1千克，折合为2.1千克尿素，对生育期4个月的作物，土壤本底提供的氮素约折合为 8～9 千克尿素。不同土壤和不同矿化条件下，土壤能够提供的营养量也不同。

农家肥和有机商品肥矿化释放氮素。通常生长期内只有 40%～50%可供植物利用，不能直接供植物利用的部分与土壤腐殖质结合在一起，平衡和维持土壤有机质含量。每吨牛粪中氮、五氧化二磷、氧化钾含量为 5.5 千克、4.5 千克和 11.5 千克；每吨羊粪中氮、五氧化二磷、氧化钾含量为 15 千克、7 千克和 19 千克；每吨鸡粪中的氮、五氧化二磷、氧化钾含量分别为 20 千克、17 千克和 13 千克。施入土壤的有机肥当季矿化率约为 40%～60%，依土壤活性不同而异。施用次年的矿化量为 25%，7～10 年后矿化量为 70%左右。每吨商品有机肥在较低温季节，矿质氮素释放能力为每月 0.5～1 千克/亩，温暖季节（4～10 月）为每月 1～2 千克/亩。但当土壤熏硫处理后，土壤中生物数量大幅度减少，有机质矿化能力减弱，供植物利用的矿质氮素减少，从而不得不施用更大量的有机肥。有机肥不仅仅提供大量元素，还提供相对平衡的中微量元素。

作物生长过程中将 25%～30%的光合产物由根系分泌到根际土壤，这也是土地越种越肥的原因之一。豆科蔬菜根瘤固氮是有机蔬菜栽培中氮素重要来源之一。豆科作物根际氮素传递量达其全株积累氮素的 14%～74%，平均为 32%；与地下部氮素积累相比为 15%～96%，平均为 64%。与非豆科作物相比，豆科作物的根际沉积氮素平均为全株的 22%、地下部积累氮素的 32%；非豆科作物该数字分别为 17%和 37%（Wicherna et al.，2008）。

四、有机蔬菜除草方法

通常有机蔬菜杂草危害主要出现在群体产量且直播的作物，如胡萝卜、小葱、油菜、小白菜、茴香、香菜、韭菜、大蒜、洋葱等。果类蔬菜，如黄瓜、番茄、茄子、辣椒及甘蓝类蔬菜等，通常采用育苗移栽方法，在生长早期即具备竞争优势，特别是保护地种植，通过不时中耕或地膜覆盖的方法，杂草危害并不严重，杂草危害严重的区域通常为田埂。由于有机蔬菜生产不能使用化学除草剂，杂草危害成为主要问题之一。采用人工除草是最行之有效的方法，但劳动力成本高，劳动强度大。由于杂草种类较多，繁殖能力强，不受环境影响，因而控制杂草必然是综合管理措施。采用正确的方法可以有效控制杂草，并将成本降到最低。

有机蔬菜除草主要有以下综合措施。

1. 减少土壤中杂草种子数量

减少杂草的种子数量也就减轻了杂草危害，降低了杂草防治成本。尽可能避免生长季杂草结实。杂草大量结实后，种子残留在土壤中，不仅仅是次年，还会连续几年带来严重的杂草问题。首先，杂草种子寿命长，而且萌发时间不齐。野燕麦、早熟禾、马齿苋、荠菜和泽漆种子都可存活数十年，黑芥菜种子甚至长达40年以上，藜和繁缕可存活上百年。其次，杂草个体植株可产生大量种子，如苋菜、马齿苋，单株结实成千上万粒种子。再次，杂草种类繁多，而且种子具有独特的休眠机制，萌发参差不齐。萌发不整齐是杂草适应逆境的重要特性，避免被人类或其他恶劣环境一次清除。鉴于上述原因，在土壤中形成了长期而巨大的杂草种子库，只有采取积极措施减少杂草种子结实，才能减缓后期除草压力。因此，生产期内有效的杂草控制非常重要。休闲季也需要严格控制杂草，特别是要在杂草结实之前清除植株。避免杂草产生种子，可以明显地减少杂草种子库的数量，将杂草问题最小化，降低了除草成本（Liebman and Dyck，1993）。

2. 灌溉“诱击”

由于土壤保存了大量杂草种子，在播种或定植前7～14天，利用灌溉或雨水促使杂草萌发，待杂草出土后进行浅层旋耕，杀灭杂草。对于杂草危害严重的地块，可以连续进行2次。注意不要深耕，以免翻出土壤深层的杂草种子。

3. 火烧法

如果已经播种，而目标作物尚未发芽出土，且杂草已经形成危害态势，可以采用火焰除草机灭草。火焰除草机械对杂草防治非常有效，最常用的燃料是丙烷。火烧不是要把杂草烧成灰，而是采用55℃左右的温度，使杂草植株死亡。火烧可以在发芽缓慢的蔬菜，如胡萝卜、洋葱、欧芹、大葱、大蒜等出苗前使用。另外，目前推广应用的火焰土壤消毒法也适用于有机蔬菜的杂草控制。

4. 中耕除草

中耕除草是有机蔬菜生产中最常用的方法。主要分为人工中耕除草和机械中耕除草。采用条播，机械除草机可以精确清除80%的杂草，剩下采用手工拔除。新一代机械除草技术已经很完善，甚至具备自动识别杂草和目标作物的功能，拔除苗间杂草（图3-14）。

图3-14 机械中耕除草

中耕除草适宜在杂草幼苗时进行，虽然杂草在幼小时可能并不影响目标作物生长，但较大的杂草拔除需要更加费时费力。夏天 1 周，春秋季节 2～3 周，杂草的除草难度就会增加 1 倍。杂草长得太大，拔除时也会影响目标作物根系，甚至会碰落花果，从而降低产量。中耕后尽可能延迟灌溉，保持几天土壤表面干燥，以防止杂草恢复生长。

5. 间作和轮作

轮作和间作可以有效地遏制杂草危害。如莴苣、小白菜、小萝卜等生长期短的作物，由于土地深翻频繁，可以有效减少杂草生长和结实。竞争力强的覆盖作物也能抑制杂草。生长旺盛的目标作物可迅速占据生长空间，很快封垄，形成冠层优势削弱杂草的竞争力。也可以减小行距株距或者采用间作增加种植密度，提高作物的竞争力，缺乏竞争力的杂草只能生长在作物行间。具备早期竞争优势的作物能够有效地抑制杂草，移栽的植株比杂草植株大，并且长势好，移栽能够提高作物的相对竞争优势，配合后期的中耕和除草，移栽作物能够形成一个完整冠层，有效控制杂草（Liebman and Dyck，1993）。

6. 种植覆盖作物

在田间非目标作物种植区域种植覆盖作物，如豆科植物中的野豌豆、白三叶草、红三叶草、苜蓿多年生植物，可以减少杂草数量。为了避免和作物产生竞争，种植的覆盖作物需要贴近地面生长、耐践踏、易成活。

7. 土壤物料覆盖

物料覆盖法是一种行之有效的杂草防治方法。覆盖物阻挡光线阻止杂草生长。最常见的是黑色地膜覆盖，优点是简单有效，缺点是残留物难以清除，危害环境。有机材料，如树皮块、腐熟的枯枝落叶、刨花、稻草、玉米秸等，可达到覆盖效果，这些物料同时也是有机质，腐熟后有利于增加土壤有机质，环保，收获的蔬菜产品清洁干净、不沾泥。有机覆盖层厚度需要至少 5 厘米以上，足以挡住大部分光线。由于降解作用，覆盖层每年降低 30%～60%，所以要每年深翻入土壤，重新覆盖一次。

CHAPTER 4

第四章

水肥管理技术

第一节　果菜施肥套餐技术

一、技术概述

果菜主要包括番茄、黄瓜、甜（辣）椒、茄子 4 种主栽蔬菜作物，目前京郊主要以日光温室、大棚设施栽培为主。

果菜的营养特性与施肥原则

1. 果菜营养的基本特性

（1）果菜植株体内养分转移低。果菜属于营养非完全转移型作物，养分转移低，其中氮素含量可食部分远低于非可食部分，氮素和钾素可食部分和非可食部分大致相当。如番茄可食部分（果实）含氮 1.96%、五氧化二磷 0.45%、氧化钾 3.33%，非可食部分（茎、叶）含氮 2.17%、五氧化二磷 0.35%、氧化钾 2.10%。果菜的非可食部分养分转移率低，亦即养分再利用率不高或者说养分利用不经济。而粮食作物除钾素外，茎、叶的氮和磷极大部分都转移到籽实中再利用。

（2）果菜需肥量大。一般亩产蔬菜 3 000～5 000 千克，地上部带走的氮、磷、钾养分总量为 30%～45%，要比粮食作物亩产 400 千克时高 0.1～1 倍。其主要原因有如下 3 点：一是蔬菜各器官无论是非可食部分还是可食部分，其氮、磷、钾养分含量均高于粮食作物的水稻和小麦等；二是果菜的非可食部分中养分向可食部分转移的少，未转移的养分则随果菜废弃物而丢失，养分再利用效率低；三是果菜生物产量（包括可食、非可食部分）高，因此，需肥量大，需要施用更多的肥料。

（3）果菜要求钾多磷少。果菜是喜钾作物，钾氮吸收比均超过 1，其中番茄为 1.52，黄瓜为 1.33，甜（辣）椒为 1.23。而粮食作物的钾、氮吸收比，小麦为 0.74，玉米为 0.91。果菜对磷的要求较低，一般氮、磷吸收比为1∶0.3左右。

所以，果菜对氮、磷、钾养分的吸收比例大致为1∶0.3∶1.2～1.5。

（4）果菜偏爱硝态氮肥。多数农作物能同时吸收利用铵态氮和硝态氮，但果菜对硝态氮特别偏好，铵态氮过多，会使果菜生长产生阻碍。主要原因有两点，一是由于果菜不能忍受介质pH下降以及由此引起的对钙离子吸收量下降；二是由于果菜耐氨性差。据研究，硝态氮的比例低于50%时，果菜生物量开始下降，硝态氮比例降至30%时，果菜生物量明显下降。需要指出的是，这些试验是在水培条件下进行的，在实际生产上，果菜主要栽培在土壤中，土壤本身既含有铵态氮，也含有硝态氮，而且施入土壤的铵态氮，包括有机肥料中的氮，除了早春低温和渍水情况下硝化作用较弱外，总是处在不断硝化的过程中，因此，一般来说，不能认为果菜不适宜施用铵态氮肥。

（5）果菜是喜钙作物。与一般大田作物比较，果菜是需钙多的作物。据测定，番茄各器官中的含钙量比水稻高10倍以上。缺钙引起生长点萎缩，番茄、辣椒的脐腐病就是常见的缺钙生理性病害。这主要是因为果菜吸收大量硝态氮后体内形成的草酸就多，引起植株或果实顶端受害。如果钙丰富，使草酸形成草酸钙，就可减轻危害。

（6）果菜对缺硼敏感。硼参与碳水化合物的运转和代谢，硼能刺激花粉的萌发和花粉管伸长，对促进受精过程有特殊作用。缺硼易引起落花落果，严重时植株生长畸形。

2. 果菜施肥的基本原则

（1）果菜施肥应坚持有机肥与化肥配合施用。施用有机肥可以培肥地力，改善土壤理化性状，改善果菜生长的良好环境。但有机肥养分含量低，肥效缓慢，必须配合施用适量化肥，以满足果菜快速生长和高产需要。

（2）基肥以有机肥为主，以化肥为辅。有机肥每亩用量不应低于3 000千克。露地果菜化肥的适宜用量一般为20～25千克/亩，高产栽培适当增加。设施果菜种植为无限花序，采收期长，产量高，氮肥用量宜加倍。氮、磷、钾养分施用比例为1∶0.3～0.5∶0.7～1。老菜园地土壤一般含磷量已很高，氮、磷养分施用比例以1∶0.3为宜，新菜园氮、磷施用比例提高到1∶0.5即可。氮钾施用比例，果菜一般需钾量比较大，以1∶1或以上为好。

（3）施肥技术要点。

①采取滴灌、膜下微喷等节水灌溉施肥技术：做到节水节肥，提质增产。定植后滴灌透水，保证苗成活，定植水不超过10米^3/亩；前期适当控水，让根系向下生长，促进壮苗；中后期根据植株叶片长势情况灌溉，每亩每次灌溉量不超过5米^3。

②合理施用有机肥：有机肥要经过充分腐熟发酵，避免烧苗并减少病虫害在土壤中的滋生。在耕作过程中结合深翻施肥，使土、肥充分混合，减少养分

在土壤表层的积聚，同时疏松土壤、减轻板结，改善土壤物理结构。有机肥勿超量使用，有条件的地方增施生物有机肥 0.5 吨/亩。

根据作物产量、茬口及土壤肥力条件合理施肥，轻底肥重追肥，追肥宜“少量多次”，根据植株长势追肥，开花期若遇到低温适当补充磷肥，结果期以低磷高钾水溶肥为主（表 4－1）。

③适当补充中、微量元素肥料：果菜生长发育过程中需要多种中、微量元素，钙、镁、硼、铁相对比较敏感，特别是钙、硼肥需要补充，可采取微灌和叶面喷施的方式施入。高钾土壤易诱发缺镁的现象，注意适量补充镁肥。可选用农用硝酸钙、硫酸镁和螯合铁或其他相似微肥等。

土壤退化的老棚需进行秸秆还田或施用高碳氮比的有机肥，如秸秆类、牛粪、羊粪等，少施鸡粪、猪粪类肥料，降低养分富集，同时做好土壤消毒，减轻连作障碍。

表 4－1　北京主栽果菜作物微灌追肥大配方

作物	苗期—开花期配方（N－P_2O_5－K_2O 配比）		结果期配方（N－P_2O_5－K_2O 配比）		备注
	推荐配方	选用配方	推荐配方	选用配方	
番茄、黄瓜、茄子、甜（辣）椒	20－10－20	22－8－22	18－5－27	18－7－26，19－5－26，19－8－27，19－6－30，20－4－27	可选择氮养分配比相近的氨基酸、腐殖酸、海藻酸类肥料

二、京郊主要栽培果菜施肥套餐技术

（一）番茄施肥套餐技术

番茄为一年生草本植物，属于茄果类蔬菜。番茄对土壤要求不太严格，但适宜在土层深厚、排水良好、富含有机质的肥沃土壤上栽培。番茄的生育周期大致分为苗期和开花结果期。

1. 营养需求特性

番茄多为无限生长类型，即边现蕾、边开花、边结果，因此，在生产上要注意调节其营养生长与生殖生长的关系，才能获得优质高产。番茄采收期比较长，随着采收，养分不断被果实带走，需要边采收边供给养分，才能满足不断开花结果的需要。番茄生长发育不仅需要氮、磷、钾大量元素，还需要钙、镁等中量元素，特别是在果实采收期，缺乏这些元素容易产生脐腐病。这是番茄生育与营养的特点。根据各地研究，番茄每生产 1 000 千克鲜果，需要氮（N）2.1～3.4 千克、磷（P_2O_5）0.64～1.0 千克、钾（K_2O）3.7～5.3 千克、钙

(CaO) 2.5～4.2 千克、镁 (MgO) 0.43～0.90 千克。氮、磷、钾、钙、镁吸收比为 1∶0.23∶1.52∶1.05∶0.20，以钾＞钙＞氮＞磷＞镁。番茄对养分的吸收是随生育期的推进而增加；其基本特点是幼苗期以氮素营养为主；在第一穗果开始结果时，对氮、磷、钾的吸收量迅速增加，氮在三要素中占 50%，钾只占 32%；到结果盛期和开始收获期，氮只占 36%，而钾已占 50%。

氮素可促进番茄茎叶生长，叶色增绿，有利于蛋白质的合成。磷能够促进幼苗根系生长发育，花芽分化，提早开花结果，改善品质，番茄对磷吸收不多，但对磷敏感。钾可增强番茄的抗性，促进果实发育，提高品质。番茄缺钙果实易发生脐腐病、心腐病及空洞果。番茄对缺铁、锰、锌都比较敏感。番茄生长量大、产量高、需肥量大，并且番茄采收期长，必须有充足的营养才能满足其茎叶生长和陆续开花结果的需要，所以番茄施肥应施足基肥，及时追肥，并且需要边采收边供给养分。

2. 施肥技术

传统的设施番茄栽培以畦灌或沟灌为主，浪费了大量水资源，不符合京郊节水农业发展的要求，因此在京郊的设施番茄栽培上提倡采取滴灌、膜下微喷等节水灌溉方式。目标产量 5 000～5 500 千克/亩设施番茄栽培施肥建议见表 4-2。高产、低产田施肥量根据土壤测试等情况酌情增减。

表 4-2 设施番茄微灌下施肥建议

施肥时期	施肥措施
底肥	腐熟农家肥（优先选择牛粪、羊粪类有机肥）3～4 米^3/亩 商品有机肥 1.5～2 吨/亩 一般不施底化肥［中低肥力地块施用专用肥（$N-P_2O_5-K_2O$=18-9-18）10～20 千克/亩］
苗期—第一穗果开花期	追施（$N-P_2O_5-K_2O$=20-10-20）水溶肥 1 次，2～3 千克/亩（根据苗情判断，若健壮也可不追施）
第一穗果膨大期—第五穗果膨大期	每 7～10 天追施（$N-P_2O_5-K_2O$=18-5-27）水溶肥一次，每次 5～8 千克/亩；每穗果采收完后追施一次（$N-P_2O_5-K_2O$=20-10-20）水溶肥 5～8千克/亩；每穗果膨大中期追施一次硝酸钙 2～3 千克/亩；根据叶色诊断酌情补充镁、铁、硼肥
第六穗果膨大期	每 7～10 天追施（$N-P_2O_5-K_2O$=18-5-27）水溶肥一次，每次 3～5 千克/亩

（二）黄瓜施肥套餐技术

黄瓜为一年生攀缘性草本植物。黄瓜适宜在疏松、肥沃、透气性好、排灌条件好的土壤上栽培，适宜土壤为沙壤土。黏重土壤不利于黄瓜根系发育，有机质含量高的土壤能平衡黄瓜根系喜湿而不耐涝、喜肥而不耐肥的矛盾。黄瓜的生育周期大致分为苗期、抽蔓期和开花结果期。

1. 营养需求特性

黄瓜的营养生长与生殖生长时间长，结果多，产量高，需肥量大。据研究，黄瓜每生产 1 000 千克鲜瓜吸收氮（N）4.1 千克、磷（P_2O_5）2.3 千克、钾（K_2O）5.5 千克，氮、磷、钾养分吸收比为 1∶0.55∶1.33。黄瓜对养分的吸收量随生育期的进展而增加，从播种到抽蔓期末，氮、磷、钾的吸收量分别占全生育期总吸收量的 2.4%、1.7%、1.5%。进入结瓜期植株生长明显加速，养分吸收量迅速增加，至结瓜盛期达到最高峰，在此期的 20 多天内，氮、磷、钾养分吸收量分别占全生育期总吸收量的 50%、47%和 48%，到结瓜后期植株吸收养分逐渐减少。

黄瓜是喜硝态氮作物，在只供给铵态氮时，叶片变小，生长缓慢，钙、镁吸收量降低，且常发生缺钙的生理障碍，使产量降低。黄瓜对磷的吸收量初期较少，到果实膨大期和采收期增加。黄瓜对钾的吸收量最多，其次才是氮，钾对黄瓜全生育期的正常生长十分重要，吸钾量从生育初期到采收末期一直直线增加。黄瓜的营养生长与生殖生长并进时间长，产量高，需肥量大，但黄瓜喜肥不耐肥，需要根据黄瓜的需肥特点合理施肥。

2. 施肥技术

目标产量 4 500～5 000 千克/亩设施黄瓜微灌施肥建议见表 4 - 3。高产、低产田施肥量根据实际情况酌情增减。高产、低产田施肥量根据土壤测试等实际情况酌情增减。

表 4 - 3　设施黄瓜微灌下施肥建议

施肥时期	施肥措施
底肥	腐熟农家肥（优先选择牛粪、羊粪类有机肥）3～4 米²/亩 商品有机肥 1.5～2 吨/亩 一般不施底化肥［中低肥力地块施用专用肥（N - P_2O_5 - K_2O=18 - 9 - 18）10～20 千克/亩］
苗期—根瓜开花期	追施（N - P_2O_5 - K_2O=20 - 10 - 20）水溶肥 1 次，2～3 千克/亩（若苗弱可增加一次）
结瓜期	黄瓜坐瓜后，应重施肥，每结一批瓜需补充一次肥水，一般建议追施（N - P_2O_5 -K_2O=18 - 5 - 27）水溶肥，每 5 天左右追肥一次，每次 3～5 千克/亩，根据坐果情况酌情增减；每茬瓜完全收获后追施一次（N - P_2O_5 - K_2O=20 - 10 - 20）水溶肥3～5千克/亩，促进植株生长；根据叶色诊断酌情补充钙、镁、铁肥

（三）辣（甜）椒施肥套餐技术

辣（甜）椒是一年生草本植物。辣（甜）椒对土壤有较强的适应性，以疏松、保水、保肥、肥沃、中性至微酸性土壤为宜，生育周期包括苗期和开花结果期。

1. 营养需求特性

辣（甜）椒也属于无限生长类型，边现蕾、边开花、边结果。辣椒生长期长，但根系不发达，根量少，入土浅，不耐旱也不耐涝。它的需肥量大于番茄和茄子，而且耐肥能力强。据研究，辣椒每生产1 000千克鲜果，需吸收氮（N）3.5～5.5千克、磷（P_2O_5）0.7～1.4千克、钾（K_2O）5.5～7.2千克、钙（CaO）2.0～5.0千克、镁（MgO）0.7～3.2千克，氮、磷、钾、钙、镁吸收比为1∶2.5∶1.31∶0.9∶0.4。甜椒每生产1 000千克鲜果，需吸收氮（N）4.91千克、磷（P_2O_5）1.19千克、钾（K_2O）6.02千克，氮、磷、钾吸收比为1∶0.24∶1.23。辣椒和甜椒两者对氮、磷、钾需求量基本相当。

辣（甜）椒在不同生育阶段对养分的吸收不同，其中氮素随生育进展稳步提高，果实产量增加，吸收量增多。磷的吸收量在不同阶段变幅较小；钾的吸收量在生育初期较少，从果实采收初期开始明显增加，一直持续到结束；钙的吸收量也随生长期而增加，若在果实发育期供钙不足，易出现脐腐病；镁的吸收高峰在采果盛期，生育初期吸收较少。辣（甜）椒植株吸收的养分在各器官中的分配也随生育期不同而变化，氮素在结果期以前，主要分布在茎叶中，约占氮素吸收总量的80%以上，随着果实逐渐膨大，果实中分配的养分数量也逐渐增加，从开花至采收期为24.4%，收获结束前高达33.6%。吸收的钙、镁主要分配在叶上，其次是茎与果实，根中较少。

2. 施肥技术

目标产量3 500～4 000千克/亩设施辣（甜）椒栽培微灌施肥建议见表4-4。高产、低产田施肥量根据土壤测试等情况酌情增减。

表4-4 设施辣（甜）椒微灌下施肥建议

施肥时期	施肥措施
底肥	腐熟农家肥（优先选择牛粪、羊粪类有机肥）3～4米^3/亩 商品有机肥1.5～2吨/亩 一般不施底化肥［中低肥力地块施用专用肥（$N-P_2O_5-K_2O$=18-9-18）10～20千克/亩］
苗期—门椒开花期	根据苗情追施（$N-P_2O_5-K_2O$=20-10-20）水溶肥一次，2～3千克/亩（若苗弱可增加一次）
门椒膨大期	每7～10天追施（$N-P_2O_5-K_2O$=18-5-27）水溶肥一次，每次5～8千克/亩；每穗果采收完后追施一次（$N-P_2O_5-K_2O$=20-10-20）水溶肥5～8千克/亩；每穗果膨大中期追施一次硝酸钙2～3千克/亩；根据叶色诊断酌情补充镁、铁肥
满天星后期	每7～10天追施（$N-P_2O_5-K_2O$=18-5-27）水溶肥一次，每次3～5千克/亩

（四）茄子施肥技术

茄子属于茄科茄属一年生草本植物，生育期长，采摘期长，产量高，养分吸收量大，适于富含有机质、土层深厚、保水保肥能力强、通气排水良好的土壤。茄子的生育周期大致分为苗期和开花结果期。

1. 营养需求特性

一般来说，每 100 千克茄子需氮（N）3.2 千克，五氧化二磷（P_2O_5）0.94 千克，氧化钾（K_2O）4.5 千克。茄子不同生育期对养分的吸收量不同，对氮、磷、钾的吸收量随着生育期的延长而增加。幼苗期对养分的吸收量不大，但对养分的丰缺非常敏感，养分供应状况影响幼苗的生长和花芽分化。茄子从幼苗期到开花结果期对养分的吸收量逐渐增加，开始采收果实后进入需要养分量最大的时期，此时，对氮、钾的吸收量急剧增加，对磷、钙、镁的吸收量也有所增加，但不如对氮和钾吸收明显。茄子对各种养分的吸收特性也不同，氮素对茄子各生育期都是重要的，在生长发育的任何时期缺氮都会对开花结果产生不良影响。从定植到采收结束，茄子对氮的吸收量呈直线增加趋势，在生育盛期氮的吸收量最高，充足的氮素供应可以保证足够的叶面积，促进果实的发育。磷影响茄子的花芽分化，所以前期要注意供应足够的磷，随着果实的膨大和进入生育盛期，对磷素的吸收量增加。茄子对钾的吸收量到生育中期都与氮相当，以后显著增高。在盛果期，氮和钾的吸收增多，如果肥料不足，植株就会生长发育不良，氮、磷、钾配合施用可以提高相互促进效果。

2. 施肥技术

目标产量 3 500～4 000 千克/亩设施茄子微灌施肥建议见表 4 - 5。高产、低产田施肥量根据土壤测试等情况酌情增减。

表 4 - 5　茄子微灌下施肥建议

施肥时期	施肥措施
底肥	腐熟农家肥（优先选择牛粪、羊粪类有机肥）3～4 米^3/亩 商品有机肥 1.5～2 吨/亩 一般不施底化肥［中低肥力地块施用专用肥（$N-P_2O_5-K_2O$=18 - 9 - 18）10～20 千克/亩］
苗期—门茄开花期	根据苗情追施（$N-P_2O_5-K_2O$=20 - 10 - 20）水溶肥一次，2～3 千克/亩（若苗弱可增加一次）
门茄膨大期	每 7～10 天追施（$N-P_2O_5-K_2O$=18 - 5 - 27）水溶肥一次，每次 5～8 千克/亩；每穗果采收完后追施一次（$N-P_2O_5-K_2O$=20 - 10 - 20）水溶肥 5～8千克/亩；根据叶色诊断酌情补充钙、镁、铁肥
满天星后期	每 7～10 天追施（$N-P_2O_5-K_2O$=18 - 5 - 27）水溶肥一次，每次 3～5 千克/亩

第二节　秸秆就地处理培肥土壤技术

一、生物秸秆反应堆技术

生物秸秆反应堆技术是指在设施生产中利用农业生产产生的废弃秸秆如蔬菜秧、玉米秸秆、菌棒等通过微生物发酵，将秸秆中的氮、磷、钾及微量元素等养分分解释放，供给下茬作物利用，实现营养循环利用，这是一项以微生物发酵为中心，实现生物质能转换有机养分循环利用的综合技术体系，是发展循环农业、绿色农业的一项重要技术。

（一）技术原理

微生物菌种通过有氧发酵将秸秆分解转化为有机质、营养元素和二氧化碳（CO_2），同时释放热量。有机质和营养元素被作物直接吸收，CO_2 成为光合作用的原料，热量供设施增温，从而实现有机碳的循环利用。技术应用对象主要是冬季日光温室、早春塑料大棚作物。

（二）主要技术措施

在进行冬春茬生产的保护地建立发酵反应堆，内外置结合使用。

1. 内置式反应堆

在作物移栽前，沿定植行挖一条宽 70 厘米、深 20 厘米的沟，把提前准备好的秸秆填入沟内，铺匀、踏实，填放秸秆高度为 30 厘米，南北两端让部分秸秆露出地面（以便于往沟内通氧气），然后把用麦麸拌好的菌种和饼肥均匀地撒在秸秆上，再用铁锹轻拍一遍，让菌种漏入下层一部分，覆土 18～20 厘米厚。浇大水湿透秸秆，水面高度达到垄高的 3/4，浇水后反应堆启动发酵过程，做好移栽准备。

内置式反应堆建造时间：晚秋、初冬季节建内置反应堆，应在作物定植前 10～15 天做好。

技术要点：

（1）秸秆用量要足，要和菌种用量搭配好，每 500 千克秸秆用菌种 1 千克，每亩用秸秆 4 000～5 500 千克。

（2）浇水时不要冲施农药，特别要禁冲杀菌剂，地面以上可喷农药预防病虫害。

（3）定植后不要马上冲施化肥。避免降低菌种、疫苗活性。后期可根据地力情况，适当追施有机肥和复合肥。

（4）科学用水是应用的关键。第一水是反应堆的启动水，水量要大，掌握的原则是使秸秆尽量吸足水，水量以手握后滴水为宜。第一水后 4～5 天在畦面打孔。第二水是定植缓苗水，浇水千万不能大，要浇小水。定植当天，每颗苗浇1碗水，高温季节隔3天再浇一次；低温季节隔7天再浇1碗水；中温季节隔5天要再浇1碗水。定植后不要盖地膜，等10多天苗缓过来后再盖地膜，并及时打孔。切记不能浇水过多，在第一次浇水湿透秸秆的情况下，根据发酵情况再浇水。冬季浇水要做到“五不能”（一不能早上浇，二不能晚上浇，三不能勤浇，四不能阴天浇，五不能降温期浇）。早春作物必须分段浇水，10～15厘米一段，否则浇水过大，会闷苗烂根，应用滴灌浇水，水量容易控制，效果最好。浇水后的3天，要将风口适当放大些，排除潮气。

（5）鲜秸秆发酵效果好于干秸秆，可在干秸秆堆适当撒施少量尿素，调节碳氮比例，提高发酵速度。

（6）菌种处理。1千克菌种20千克麦麸，1千克麦麸加0.8千克水，先把菌种和麦麸干着拌匀再倒水，要求拌好后用手攥到手缝滴水。菌种现拌现用，为使菌种撒施均匀，可掺50千克饼肥。

2. 外置式反应堆

依据大棚跨度，南北方向建一个储气池，在池子靠近作物一侧的中间，向里挖一方形孔，一定用砖砌好，用水泥或泥糊严，高于地面20厘米，上端砌成直径40厘米的圆形口，上口平面要向棚内一侧倾斜30°，以便安装轴流风机和输气带。在发酵池上每隔50厘米放一根水泥杆，南北方向拉3道铁丝，上面排放秸秆，50厘米厚撒一层用麦麸拌好的菌种，共排放3层，然后用水湿透秸秆，盖上塑料布即可。

技术要点：

（1）所用秸秆数量和菌种用量要搭配好。每500千克秸秆用菌种1千克，秸秆要适当晒干，因为鲜秸秆容易产生厌氧反应，生成甲烷等有害气体。

（2）外置式反应堆南、北、中间各竖起一根内径10厘米、高1.5米的管子，以便氧气回流供菌种利用。

（3）秸秆上面所盖塑料膜靠近交换机的一侧要盖严，交换机底座要密封。

（4）建好后当天就要开机1个小时，5天后开机时间逐渐延长至6～8小时，遇到阴天时也要开机。

（5）及时给秸秆加水，一般气温相对低时，15天加一次水，气温相对高时，10天加一次水，保持秸秆潮湿。

（6）及时添加秸秆，保证二氧化碳释放量。

（7）温度低时在棚内建外置式反应堆，温度高时在棚外建外置式反应堆。

二、京郊蔬菜秸秆堆肥技术

1. 技术原理

依据秸秆类蔬菜废弃物养分含量高、含水率高、碳氮比低的特点，将蔬菜废弃物与高碳氮比的玉米秸秆、畜禽粪便等进行联合高温堆肥，既能实现蔬菜废弃物无害化处理，又能实现蔬菜废弃物作为肥料进行循环利用。该技术简单易行，四季都可进行，适用于各种类型的种植户。

2. 主要技术措施

在园区内或者园区附近选择地形平坦、地势稍高、利于排水、通风良好、交通便捷的地点，所选地点应远离居民区或与居民区隔离。堆肥前将秸秆废弃物粉碎至5厘米以下，然后将牛粪（或猪粪、鸡粪）、蔬菜秸秆、玉米秸秆（或蘑菇渣、园林废弃物等）按重量比2∶1∶1的比例进行混料，调节碳氮比至（20∶1）～（30∶1），根据添加物料干湿情况，加水调节废弃物堆料的初始含水量至60%左右。物料混匀后分3～4层堆放，每层厚度30～40厘米。每层物料均匀撒上秸秆腐熟剂，从下层至上层的撒放秸秆腐熟剂比例为4∶4∶2或3∶3∶3∶1，或者按照一定比例加入微生物菌剂。物料堆制好后用塑料布覆盖，用温度计监测堆体内温度。根据不同堆肥时期及堆体温度及时翻堆，当物料温度升高到65～70℃，并保持7～10天。此时堆肥10～12天，翻堆一次。发现物料表面生长白色菌丝孢子为发酵良好，即一次发酵过程，完成堆肥无害化阶段；当物料温度由原来的65～70℃开始下降到60～65℃，为物料温度维持阶段，即二次发酵过程，完成堆肥无害化阶段。此时为堆肥后20天左右，再翻堆一次。翻堆后，物料温度下降到40℃以下，开始后腐熟阶段，再继续堆制10～15天，完成好氧堆肥整个周期30～35天。腐熟度判断指标见表4-6。

表4-6 堆肥腐熟度判断

项目	指标
外观	疏松的絮状或粉末状结构，褐色或黑色，无臭味
堆体温度	35℃以下，且连续两天温度差不超过±2℃
发芽指数GI	≥50%

技术要点：

（1）选择蔬菜秸秆时，需把患病的植株捡出，防止疾病蔓延；竹子叶、亚麻叶、甘蓝叶不适合做堆肥原料。

（2）堆肥原料包括主料和辅料，其中主料为蔬菜秸秆和畜禽粪便，辅料可选择高碳氮比农作物秸秆、豆渣、蘑菇渣、树枝、微生物菌剂等。

（3）微生物接种可添加微生物菌剂，添加量为堆体质量的0.1%～0.4%，可添加秸秆腐熟剂，腐熟剂用量为每吨秸秆添加5千克。

（4）农户自家堆肥时，在裸露的土地上先放一层碎的粗糙的纤维物质，以利于排水。

（5）冬季堆肥时，堆体宜大不宜小，有利于促进肥堆升温腐熟。

三、石灰氮—蔬菜秸秆消毒技术

1. 技术原理

石灰氮又名氰胺化钙，属迟效碱性氮素肥料，也是一种不溶于水的肥料。施入土壤，被土壤胶体上所吸附的氢离子替代，通过逐步分解后，变成植物可吸收的氮素营养。石灰氮分解为尿素过程中所产生的中间产物氰氨对有害生物具有杀灭作用，是一种无公害、无残留、对环境不造成污染的农药肥料。

该方法是利用太阳的热能、土壤漫灌水的急速恢复土壤理化性状作用、蔬菜秸秆及具有土壤消毒效果的石灰氮组合而成的“土壤消毒＋土壤改良”方法。其特点在于保持土壤的自然生态体系，获得土壤微生物种群间的平衡。选择夏季高温、光照最好的一段时间进行处理较为适宜。北方地区在6～8月休闲季进行土壤消毒处理最为理想。

2. 主要技术措施

将选定田块内上茬果菜作物收获后的整棚蔬菜秸秆用小型粉碎机进行粉碎。可将蔬菜秸秆拉秧后放置在棚内3～5天后进行粉碎，此时蔬菜秸秆含水量在60%～70%，有利于粉碎机进行作业。将粉碎的蔬菜秸秆和石灰氮均匀撒于地表，用旋耕机或人工将蔬菜秸秆和石灰氮深翻入土，深度30厘米以上，翻耕应尽量均匀，以增加石灰氮与土壤的接触面积。做成高30厘米，宽60～70厘米的畦，做畦的目的是为了增加土壤的表面积，以利于快速提高地温，延长土壤高温所持续的时间，取得良好的消毒效果。用透明的塑料薄膜（尽量用棚膜，不用地膜）将土壤表面密封起来。从薄膜下往畦下灌水，直至畦面全部被淹没为止，密闭期间，如果水位下降需再灌入1～2次新水，但地面不能一直有积水。将温室完全封闭，晴天时，20～30厘米的土层能较长时间保持在50℃以上，地表可达到70℃以上的温度，可有效杀灭土壤中多种真菌、细菌及线虫等有害生物。密闭温室20～40天，闷棚结束后，打开通风口，揭开地面薄膜，翻耕土壤。通风7天后，可适当施用微生物菌剂，用以补充有益微生物，微生物菌剂施用量在8～10千克/亩，具体用量和使用时间参照产品说明，随后进行定植。

技术要点：

（1）温室密闭性是土壤消毒的关键，夏天只要将温室完全密闭，达到60℃，温度也变得很高，这种热能在土壤中就能传导得很深，另外，这样做还具有除草效果。注意温室门口、风口、灌水沟口，及时修补、更换破损的地膜、温室棚膜，防止因大棚不能完全封闭而导致升温效果不佳。

（2）注意处理时间和时期的控制，一般选择夏季高温、光照最好的一段时间进行处理较为适宜，京郊大棚种植一般选择在 6～8 月倒茬休闲期时进行，这时效果最佳。

（3）注意石灰氮的科学施用，石灰氮的用量一般为 40～80 千克/亩，根据土壤根结线虫发病程度调整。

（4）注意温室密闭时间，一般施用多少千克石灰氮，则需闷棚多少天消毒效果最佳，如施用 40 千克，则需要闷棚 40 天，也可一直处理到不影响下一季移栽为止，但消毒时间至少要 20 天。

（5）石灰氮属于迟效碱性氮素肥料，下茬种植施用底化肥时应避免施用硫酸铵、碳酸氢铵及含硫酸铵、碳酸氢铵的复混肥，否则，石灰氮与铵态氮肥混用后，会加快氮素挥发，降低肥效。

四、蚯蚓堆肥技术

1. 技术原理

蚯蚓堆肥，是指将蚯蚓引入到蔬菜秸秆废弃物处理技术中进行的堆肥处理过程。蚯蚓俗称地龙，生活在土壤中，昼伏夜出，以新鲜或半腐解有机物质为食，连同泥土一同吞入。蚯蚓能利用自身丰富的酶系统（蛋白酶、脂肪酶、纤维酶、淀粉酶等）将有机废弃物迅速彻底分解，转化成易于利用的营养物质，从而加速堆肥腐熟过程。相比传统堆肥生产的肥料，蚯蚓粪具有良好的物理、化学和生物学特性，施用蚯蚓粪在培肥改良园区土壤、减少化肥使用量、提高农作物产量和品质等方面具有显著效果。

2. 主要技术措施

选择大小合适的箱体，高度不超过 1.5 米，箱体四周具有透气孔。在箱底投放 10～20 厘米厚的蚯蚓饲料，按照 5 千克/米^3 的标准进行蚯蚓接种。将蔬菜废弃物秸秆粉碎后投入箱体，每次投放厚度为 10～20 厘米，待蔬菜废弃物秸秆出现腐烂和变色的情况时进行下一次投放，一般夏秋季 5～7 天、冬春季 15～20天投放一次。当箱体处理满时，利用蚯蚓的避光性，从上到下将蚯蚓粪刮开移走（蚯蚓过多可移除一部分用于喂养动物），将收集的蚯蚓粪还田改良土壤。如此往复，该蚯蚓处理蔬菜废弃物秸秆技术可周年使用。

技术要点：

（1）注意温度控制。在夏秋季（4～10 月）将箱体放在工作间或阴凉通风处，冬春季（11 月至翌年 4 月）将箱体移到温室内，箱体温度保持在 8～30℃，防止阳光直射。

（2）注意水分管理。用喷壶定期补水，保持蚯蚓最适宜的湿度 60%～

70%，一般夏秋季 5～7 天补一次水，冬春季 15～20 天补一次水，如果箱底有积水，推迟浇水。手捏蚯蚓生长周围的饲料，成团、指缝有积水并少量滴水，含水率为 50%～60%；成团并有间断的水滴，含水率 60%～70%；成团并水呈线状下滴，含水率 70%～80%。

（3）黄瓜、茄子类叶片大，需晾晒 7～10 天后粉碎投入箱体。番茄、辣椒叶片细小，可直接投入箱体，但要注意补充水分。果菜植株及大白菜、油菜等叶类蔬菜废弃物，粉碎后加入粉碎的秸秆、锯末等放入箱体，调节水分至 60%～70%。

第三节　依据光辐射能量的智能控制灌溉技术

作物蒸腾和棵间蒸发是作物耗水的主要途径，这与光照条件息息相关。如何根据光照强度进行精准灌溉，成为蔬菜优质高效栽培的关键。因此，果菜团队研发了依据光辐射能的精准灌溉技术。

一、蔬菜耗水与气象因子关系模型

联合国粮食与农业组织（FAO）给出了反映参考作物需水量与气象因子相关关系的彭曼-蒙蒂斯公式：

$$ET_0=\frac{0.408\Delta\ (R_n-G)\ +\gamma\frac{900}{T+273}\mu_2\ (e_s-e_a)}{\Delta+\gamma\ (1+0.34\mu_2)}$$

式中，ET_0 为参考作物腾发量，毫米/天；R_n 为作物冠层顶部的净辐射，兆焦/（米^2·天）；G 为土壤热流强度，兆焦/（米^2·天）；T 为 2 米高度处的日平均气温，℃；μ_2 为 2 米高度处的风速，米/秒；γ 为湿度计常数，千帕/℃；$\gamma=0.665\times10^{-3}P$，P 为大气压，千帕；$e_s$ 为饱和水汽压，千帕；e_a 为实际水汽压，千帕；Δ 为饱和水汽压—温度曲线斜率；γ 为湿度计常数，$\gamma=0.6455+0.00064T_a$。

在设施生产环境下，风速 μ_2 近似为 0，土壤热流强度 G 与净太阳辐射 R_n 相比较小，且存在正相关关系。结合作物蒸发蒸腾量公式 $ET=ET_0\cdot K_c$（K_c 为作物系数），可以得出作物蒸发蒸腾量与太阳净辐射呈正相关关系，近似的可建立作物耗水与光辐射能的理论模型：

$$ET\propto R$$

式中，ET 为作物蒸发蒸腾量，毫米/天；R 为作物冠层顶的净辐射，焦/厘米^2。

二、建立蔬菜耗水与光辐射能关系模型

结合实测蔬菜耗水量和气象因子，研究建立蔬菜耗水量与光辐射能之间的关系，结果表明：番茄耗水量与累积光辐射能呈现极显著的正相关关系（图4-1），相关性系数为0.71**，日光温室番茄耗水与气象因子的关系模型为$ET=1.4721R$；其中ET为番茄耗水量（毫米），R为累积光辐射能（焦/厘米^2）。

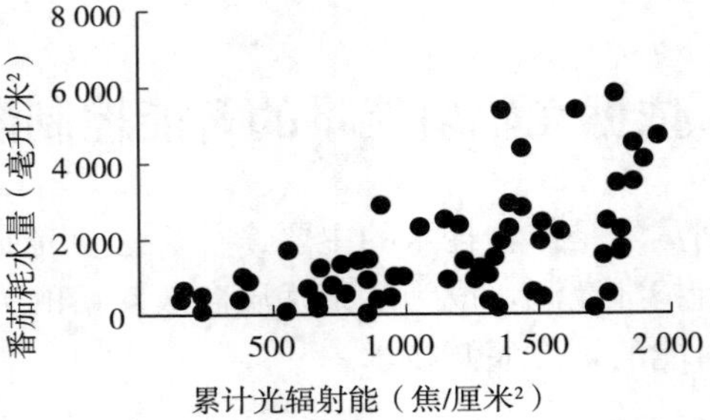

图4-1 耗水量和累积光辐射能关系

三、精准灌溉控制设备

该设备主要由光照传感器、采集器、控制器、电磁阀等组成（图4-2）。系统工作时，通过光照传感器，将采集的光照强度数据累积计算获得光辐射，将设定时间段内的光辐射累积能量与预先设定的临界能量进行比较，当光辐射累积能量值达到预先设定的临界能量值时，灌溉控制系统执行预设灌溉策略，并发送信号到灌溉控制柜，控制相应地块所对应输水管路的电磁阀

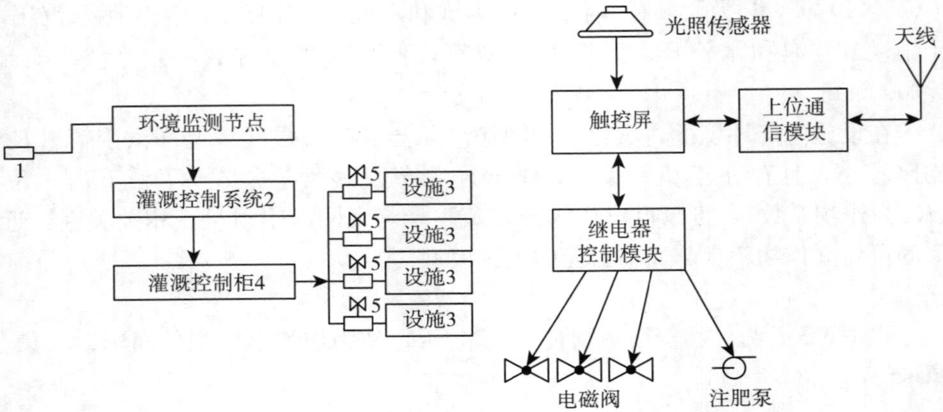

图4-2 “光智能”精准灌溉决策系统示意

开启，开始灌溉，达到灌溉策略设定的灌溉要求时，电磁阀关闭，完成此次灌溉，等待进入下一次灌溉。该系统能够结合作物耗水量，根据不同生育期阶段，设置不同的参数，实现了依据光辐射能灌溉，提高了灌溉控制系统的准确性和代表性。

四、田间应用效果

冬春茬日光温室番茄应用依据光辐射能的精准灌溉技术，全生育期亩灌水148米^3，实现亩产6 584千克，与常规农户管理相比，亩节水43.51%，亩节省人工1个，亩效益提高1 089元（表4－7）。

表4－7　“光智能”精准灌溉决策系统指导灌溉应用效果

作物	可溶性总糖（%）	维生素C（每100克，毫克）	可滴定酸度（%）	番茄红素（每100克，毫克）	亩产量（千克）	亩节水（米^3）	亩省工（个）
番茄	4.42	16.7	0.9	17.3	6 584	114	1

CHAPTER 5

第五章

品质提升栽培技术

第一节 高品质番茄生产技术

在日光温室设施条件下，选择连续坐果性强、抗早衰、耐低温弱光的水果型品种，配备自动施肥机或比例施肥泵、环境调控设备、槽式栽培系统、省力化设备，采用椰糠栽培基质，集成温室环境综合调控技术、水肥精准化控制技术、植株调整技术、病虫害综合防控技术等内容。通过硬件和基质栽培技术集成，采用原味1号、京采6号、京番308等水果型品种，通过亏缺灌溉、高营养液的浓度（EC）管理措施，平均可溶性固形物达到8%以上，较常规土壤生产提高52.9%。主要栽培技术如下。

一、品种选择

选择优良的品种，要满足种植者好种、销售者好卖、消费者好吃的“三好”要求。选择的品种要抗逆性强，最好具有抗黄化曲叶病毒、褪绿病毒、蕨叶病毒等抗性基因，经过控水控肥等措施胁迫栽培，大型果可溶性固形物能达到6%、中型果达到8%、樱桃番茄达到9%的番茄品种。

二、茬口安排

要根据设施条件和品种抗病性确定茬口，以日光温室为例：冬春茬一般8月上中旬播种，9月上中旬定植（不抗病毒品种建议推迟10～20天定植），11月中下旬采收，翌年6月中下旬拉秧；秋冬茬应选择抗病毒品种，一般7月上中旬播种，8月上中旬定植，11月上中旬采收，2月上中旬拉秧；早春茬12月上中旬播种，翌年2月上旬定植，4月下旬采收，7月上旬拉秧。

三、栽培模式

如果选用无土栽培模式，可在地面挖 30 厘米×40 厘米×30 厘米栽培槽，畦距 1.4 米，槽内从下往上依次铺设黑白膜、导流板和防虫网，采用标准化椰糠基质槽式栽培，椰糠粗细比为 3∶7，定植株距 35 厘米左右（图 5-1、图 5-2）。如果采用土壤栽培，应选择土层深厚、肥沃，有良好灌排条件的沙壤土地块，采用大行双垄定植，大行距 1.2 米，株距 35～40 厘米，亩定植 2 800～3 200 株。

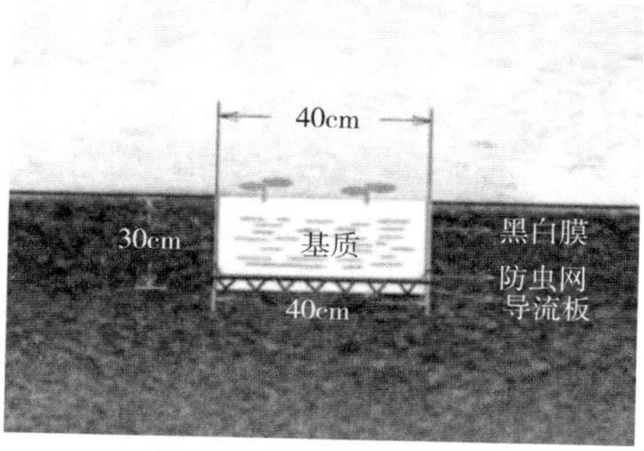

图 5-1　下挖槽示意

图 5-2　下挖槽实景

四、环境调控

环境调控指标为白天保持 25～28℃，最高气温不要超过 32℃，夜间为 15～18℃，最低气温不要低于 8℃，高温季节注意遮阳降温，极端低温天气必须采用临时增温措施；全生育期光照不低于 10 000 勒克斯，空气相对湿度 60%～85%。

五、水肥管理

高品质番茄栽培应采用以“控”为主的水肥管理策略。

基质栽培在选择适宜营养液配方的基础上，根据不同生育期对水肥管理进行动态管理。第一次开始灌溉时间为日出后2小时，停止灌溉时间为晴天日落前2小时或阴天日落前5小时；苗期EC值为1.8～2.0毫秒/厘米，开花坐果期EC值为2.5～2.8毫秒/厘米，成株期EC值为4.0毫秒/厘米；pH控制在5.8～6.5。待第三穗果坐住后，采用正常灌溉量的60%～80%进行亏缺灌溉管理，以11：00～15：00植株轻度萎蔫为准（图5-3）。注意棚内每穗花在开花时对叶片喷施含钙微肥。

土壤栽培注意施足基肥，每亩施腐熟的商品有机肥2 000千克左右，配施复合肥（N-P-K为20-20-20）100千克、过磷酸钙50千克，整地前一次性施入，深翻做畦。每穗果核桃大小时冲施高钾肥（N-P-K为10-6-40+TE）5～10千克，第三穗果坐住后，需采用控水栽培以提高糖度，待植株生长点下方2片叶出现轻度萎蔫再进行浇水，浇水宁小勿大，每次灌水5～6米^3，并随水追施高钾肥，晴天可控水至植株轻度萎蔫（图5-4），直至生产结束。

图5-3　基质栽培水果番茄叶片萎蔫状

图5-4　土壤栽培水果番茄叶片萎蔫状

六、植株调整

根据植株长势动态调整植株。成株期每株番茄保留15～16片叶，光照不足的情况下，可以打掉顶部花序正对小叶，以减少叶片自身养分消耗，快速调整叶面积指数。每穗果一半果实坐住的时期进行疏花疏果操作，注意对1～2穗果“疏大留小”以促进壮秧，在3穗果以上“疏小留大”（图5-5、图5-6）。

图5-5　水果番茄下部打老叶

图5-6　水果番茄上部打小叶

七、生理病害防控

由于水果番茄在栽培过程中采用以“控”为主的水肥管理，在做好常规病虫害防治的基础上，需重视生理性病害的预防，主要通过环境调控、营养液调配和叶面微肥，减少脐腐病以及缺镁、缺铁等生理性病害发生（图5-7、图5-8、图5-9）。

图5-7　水果番茄脐腐病

图 5-8 植株缺镁症状

图 5-9 植株缺铁症状

第二节 高品质彩椒栽培技术

彩椒，彩色辣椒的简称，属于茄科辣椒属辣椒种，是辣椒的一个特殊系列，有黄、红、橙、紫、白等多种颜色。目前用于鲜食的彩椒品种主要是甜椒类型，富含维生素和矿物质，其中维生素 C 的含量每 100 克鲜重可达 160 毫克，是番茄的 6～10 倍，黄瓜的 20 倍，在蔬菜产品中名列前茅，是富有营养的高档蔬菜种类，越来越受到消费者的喜爱。

一、品种选择

彩椒有黄、橙、红、紫、白等多种颜色，栽培较多的是黄色、红色和橙色。彩椒品种丰富，进口和国产的都有，要根据栽培条件和市场需求选择适合的品种，尤其要选择抗逆性和抗病性优良、商品性好、优质稳产的品种。

二、茬口安排

彩椒基质栽培必须在温室内进行。环境条件较好的现代化连栋温室适于安排一年一大茬的长季节栽培；日光温室可以进行早春茬、秋冬茬或冬春茬的长季节栽培。茬口安排要根据设施条件、品种特性及市场需求灵活调整。

三、栽培模式

1. 基质栽培类型

彩椒基质栽培可以采用槽式（图 5－10）、盒式（图 5－11）或袋式（图 5－12）等不同的基质栽培类型，槽式的基质用量较大。栽培基质可使用草炭＋蛭石、草炭＋蛭石＋珍珠岩、椰糠、岩棉或其他理化性状适于无土栽培的基质。彩椒的根系不如番茄发达，根量较少，既不耐旱，也不耐涝，要选择透水透气性好，且有一定保水保肥能力的基质。因此彩椒基质栽培用椰糠和岩棉比用草炭混合基质根系水分更易于管理。

图 5－10　槽式

图 5－11　盒式

2. 营养液灌溉系统

营养液灌溉系统采用开放式或封闭式均可。开放式基质栽培营养液灌溉系统比较简单，包括营养液罐（也可以用比例施肥器或施肥机）和加液管，不需

图 5-12　袋式

要专门收集回液的营养液池，回液管也不是必需的。封闭式基质栽培的灌溉系统包括营养液池、水泵、加液管和回液管，还可以额外增加比例施肥器或施肥机以实现营养液配制和灌溉的轻简省力化。为防范根系病害的传播，封闭式灌溉系统最好安装营养液消毒装置，如紫外线消毒设备或臭氧消毒设备。封闭式灌溉系统的水肥利用率比开放式提高 20%～30%，同时也减少了营养液排放对环境的污染。不论是开放式还是封闭式系统，确保加液的均匀充分和回液的畅通，是保证根系和地上部正常生长的基本条件。

四、生产过程

1. 播种与育苗

作为高档蔬菜品种，彩椒的种子价格一般较高，适宜采用现代化的穴盘育苗方式。使用 128 或 72 孔的穴盘进行育苗，育苗基质采用草炭＋蛭石（体积比 2∶1）或草炭＋蛭石＋珍珠岩（体积比 3∶1∶1）的混合基质。每穴播 1 粒种子。播种后保持昼温 28～30℃、夜温 20～25℃，出苗后至真叶露心阶段昼温 25～28℃、夜温 15～18℃；真叶露芯至定植前一周，昼温 25℃左右、夜温 15℃左右，定植前一周条件允许可低温炼苗，昼温 20℃左右、夜温 10～12℃。

彩椒穴盘育苗采用喷灌或潮汐式灌溉的浇水方式，每天至少灌溉一次，保持基质含水量在适宜的水平。真叶展平后开始补充养分，使用育苗专用的水溶肥或者 1/2 浓度的全营养液，每周追肥 1～2 次。彩椒苗 5～10 片真叶即可定植。

2. 定植

定植前需要准备好基质栽培系统，包括设施、基质和营养液。优先选择正规厂家生产的、质量可靠的基质，如果是新购置的商品化基质，一般不需要进行消毒。使用过的栽培容器和基质定植前可采取喷洒化学药剂结合高温闷棚的方式进行消毒。检查营养液加液和回液系统是否运转正常，将营养液配制好，使用岩棉或椰糠作基质，定植前要先用营养液将基质浇透。无土栽培系统运行一切正常后再行定植。

定植苗的大小可根据茬口和设施情况灵活调整，一般5～10片真叶。定植前给穴盘苗适当浇水，以便于起苗。如遇晴天，光照较强，定植时适当遮阳。将彩椒穴盘苗的整个根坨埋入基质中即完成定植。如果使用椰糠/岩棉育苗块育苗，将育苗块直接摆放在种植条的定植口上即可。定植后基质用营养液浇透。采用穴盘苗进行基质栽培基本不需要缓苗。

彩椒基质栽培的定植密度因设施类型、栽培茬口、品种特性和植株调整方式等而异。一般每亩地2 000～3 000株。

3. 水肥管理

（1）营养液配方。营养液配方的设计建立在对灌溉水的水质进行分析的基础上，以纯净水作为灌溉水源为例，彩椒营养液标准配方如表5-1所示。

表5-1 彩椒营养液配方

大量元素	浓度（毫摩/升）	微量元素	浓度（毫克/升）
NO_3^-	15.0	Fe	4.5
NH_4^+	1.0	Mn	0.5
$H_2PO_4^-$	1.4	B	0.5
K^+	9.0	Zn	0.05
Ca^{2+}	4.0	Cu	0.02
Mg^{2+}	1.4	Mo	0.01
SO_4^{2-}	2.0	—	—

营养液配方约定了不同元素间的比例。实际生产中，需要根据季节（温度、光照）和作物生育阶段，在标准配方的基础上调节EC值。

（2）灌溉制度。灌溉制度指营养液的灌溉方法，包括灌溉量、灌溉频率/次数、每天灌溉开始和结束的时间等。营养液灌溉制度受栽培形式、基质类型、季节以及植株生育阶段等因素的影响。使用槽式基质栽培，根系基质占有量比较大，灌溉频率可以小于盒式或袋式基质栽培。以草炭为主的混合基质保水保肥性比较好，灌溉频率少于岩棉和椰糠基质。不同基质栽培彩椒灌溉频率可参考表5-2。

表 5-2　不同基质栽培彩椒灌溉频率

基质类型	灌溉频率（次/天）	备注
草炭为主的混合基质	1～4	
椰糠	6～12	根系的基质占有量对灌溉频率也有影响
岩棉	10～20	

灌溉时间和量的控制可以基于以下几种方式：一是基质含水量；二是光照；三是时间。根据基质含水量进行灌溉是最科学的，但由于缺乏基质含水量的快速而准确的测定方法，在实际生产中较难应用。根据光照（累积光辐射能）确定灌溉起点，根据作物需水规律确定灌溉时间（灌溉量）是常用的灌溉方法。基质栽培彩椒的所有养分和水分都来自营养液，不能通过控水来实现彩椒的优质。合理的灌溉，保证彩椒获得充足而均衡的养分和水分是优质栽培的关键。

（3）喷施叶面肥。基质栽培的营养液可以为彩椒提供充足的养分，正常情况下，喷施叶面肥对彩椒的品质没有显著的促进作用。在环境条件不适宜，彩椒的根系生长和吸收出现障碍的情况下，可以酌情喷施叶面肥改善彩椒的养分吸收。

4. 授粉

彩椒是自花授粉作物，有了合适的环境温度和正常的水肥供应，植株营养生长和生殖生长均衡，彩椒可以自行开花坐果，不需要人工授粉。有条件可采用熊蜂授粉，有助于提高品质。

5. 植株调整

与番茄和黄瓜相比，彩椒更容易出现营养生长和生殖生长的矛盾。定植初期，尽可能保证彩椒的营养生长，以快速形成一定的营养体。将门椒下方侧枝全部打掉，门椒不保留，开花后及时摘除。营养生长过旺的植株可在对椒坐住果后再把门椒摘除。根据品种、设施与茬口的不同，可采用双杆整枝或多杆整枝。植株营养生长过旺时，可以适当疏叶，及时摘除下部的老叶和病叶，增加通风透光。严格控制植株上的果实总数和果实生长时间，及时采收，以免影响后续开花结果的质量。

五、环境调控

1. 温度控制

彩椒是喜温作物，开花结果初期白天适宜温度为 20～28℃，夜间适宜温度为 15～20℃，进入盛果期可适当降低夜间温度，有利于提高果实品质。温度过低，有些彩椒品种的果型会发生变化，影响品质，因此适宜的温度管理是彩椒实现优质的保障。

2. 湿度控制

生长期间适宜的空气相对湿度为60%～80%，灌溉和通风是调节湿度的主要措施。夏季温室内喷雾有降温和增湿的效果。

3. 人工补光

光照是影响彩椒生长的重要因素，秋冬季节外界的自然光照条件较差，人工补光是提高彩椒产量和品质的有效措施（图5-13、图5-14）。研究表明，采用LED顶部补光，彩椒产量提高了25%，可溶性糖含量提高了10%～20%，维生素C的含量提高了10%～15%。

图5-13　连栋温室彩椒基质栽培人工补光

图5-14　日光温室彩椒基质栽培人工补光

六、采收

彩椒果实95%以上转色、果面光滑有光泽、手感硬实即可采收。及时采收既能保证彩椒的品质，又可以减少养分消耗，有利于促进秧果平衡。采收的果实尽快预冷，冷库储存。

七、病虫害防治

彩椒基质栽培杜绝了土传病害的发生，但空气中的病虫害与土壤栽培一样需要防治。彩椒常见病害有病毒病、白粉病、疫病、灰霉病、炭疽病等。害虫主要有白粉虱、红蜘蛛、蓟马、茶黄螨和蚜虫等。在生产中要采取“预防为主，综合防治”的措施。首先为彩椒生长提供适宜的环境和水肥条件，培育健康的植株，再结合物理防治（图5-15）、生物防治（图5-16）和化学防治的方法，尽可能减少病虫害的发生。

图5-15　悬挂黄板和蓝板进行物理防治

图5-16　利用天敌进行生物防治

第三节　高品质黄瓜栽培技术

黄瓜是我国主要的蔬菜作物之一，可熟食也可鲜食，在我国各地广泛栽培。口感型黄瓜一般用于鲜食，吃起来脆嫩多汁、无苦味和涩味、咀嚼后嘴里回甘，而且具有浓郁的黄瓜特有的香气。黄瓜口感主要由黄瓜的风味品质和脆度质地等决定，其中风味品质占主导作用，主要包括芳香物质（大部分挥发性物质），呈味物质（可溶性糖、有机酸、苦味素、单宁等）等。影响黄瓜风味品质的因素有很多，包括品种、环境条件、水肥管理、采收时期等，在选择品种的基础上可以通过改善栽培条件和优化栽培技术来提高黄瓜的风味品质。

一、品种选择

我国主栽黄瓜类型有华北型、华南型、欧洲型。北京郊区的黄瓜生产以华北型黄瓜为主（图 5-17），即俗称的“水黄瓜”或“密刺型黄瓜”，该类型黄瓜果实细长，30～40 厘米不等，表皮绿色，密刺，多白刺，一般选择果肉绿色、心腔小的品种口感较好，如中农 26 等。华南型黄瓜（图 5-18），又称为“旱黄瓜”，这个类型的黄瓜果皮较厚，多黑刺，果实短粗，一般 10～20 厘米不等，口感比密刺黄瓜好，质地更脆，香气浓郁，如京旱 33、旱宝 5 号等。欧洲型黄瓜（图 5-19），即“荷兰水果型黄瓜”，又称“迷你黄瓜”，该类型黄瓜植株全雌性，节节有瓜，瓜长 12～15 厘米、直径约 3 厘米，果实表皮光滑无刺，果皮较薄，口感更加脆嫩，如小尾香长、迷你 2 号等。

图 5-17　华北型黄瓜

图 5-18　华南型黄瓜

图 5-19　欧洲型黄瓜

二、茬口安排

根据设施环境条件和品种特性确定适宜的栽培茬口。以北京地区为例，茬口安排可以参照表 5-3。环境条件对黄瓜果实口感有一定的影响，所以不同茬口的果实品质也有差异，与春夏季相比，秋季黄瓜果实风味品质更佳。

表 5-3　北京地区黄瓜栽培茬口安排

设施类型	茬口安排	播种期	定植期
日光温室	冬春茬	10 月初	11 月上旬
	秋冬茬	8 月底	9 月下旬
	早春茬	1 月上旬	2 月中旬
塑料大棚	春大棚	2 月上中旬	3 月中下旬
	秋大棚	6 月下旬至 7 月上旬	7 月中下旬

三、栽培模式

土壤栽培（图 5-20），选择疏松、肥沃、有机质含量高的壤土为宜，土壤 pH6.5，一般采用小高畦，畦高 15～20 厘米、大行距 80 厘米、小行距宽 50 厘米，株距 30～35 厘米，栽培密度一般为每亩 2 500～3 000 株。如果选择无土栽培模式（图 5-21），则有槽式栽培、袋式栽培、岩棉栽培、沙培等多种模式。黄瓜在无土栽培条件下容易发生早衰，生长势不易维持，建议在生产上选择生长势强的全雌或强雌黄瓜品种并加强管理。

图 5-20　土壤栽培模式

图 5-21　无土栽培模式

四、环境调控

1. 温湿度

黄瓜在整个生育期间适宜生长温度为 15～32℃，白天 20～32℃，夜间 15～18℃，适宜的相对湿度为 65%～85%。温度过高或过低都会影响黄瓜果实中干物质的累积，也会影响果实的口感风味。夏季可通过通风、遮阳网、涂料等方式进行降温；在秋、冬季节，通过棉被、二道幕、挖设防寒沟等方式进行增温保温。另外，保持一定的昼夜温差有利于同化产物向果实中输送从而提高黄瓜的口感，较理想的昼夜温差为 10℃左右。

2. 光照

黄瓜是喜光作物，在适温条件下，黄瓜光饱和点为 1 421.0 微摩/(米^2·秒)。在口感型黄瓜栽培过程中要保证充足的光照，尤其要充分利用上午的光照，在秋、冬低温弱光天气，通过反光幕或补光灯进行补光。

五、水肥管理

黄瓜喜肥，施肥是黄瓜栽培的关键技术之一。科学合理的施肥，不仅能提高黄瓜产量，而且能提高黄瓜品质。有机肥可较好地改良黄瓜的风味品质，提高可溶性糖及铁、钙等矿物质含量。

底肥可使用腐熟农家肥（优选牛粪、羊粪等）3～4 米^3/亩，或商品有机肥 1.5～2 吨/亩，定植前 7 天浇透水，亩灌水量 20～25 米^3；定植时点水定植，亩用水量 2～5 米^3。蹲苗期，一般不进行浇水施肥；开花期，视土壤墒情决定是否浇水，缺水情况下可以小浇一次，亩灌水量 6～10 米^3，根据苗情追施（$N-P_2O_5-K_2O$=20-10-20）水溶肥一次，2～3 千克/亩；结果期，每结一批瓜需补充一次肥水，一般 7～10 天浇水一次，亩用水量 8～12 米^3，随水追施（$N-P_2O_5-K_2O$=18-5-27）水溶肥，每次3～5千克/亩，后期随着气候变化可调整浇水间隔。适当增加钾肥能够提高商品成熟黄瓜果实中干物质及可溶性糖含量，在结瓜盛期建议使用高钾肥促进坐瓜，也可叶面喷施0.3%磷酸二氢钾和微肥进行补充。

保护地秋冬茬和冬春茬黄瓜生产中，二氧化碳浓度严重不足。增施二氧化碳能增强光合作用效果，促使植株健壮，减轻病害，延长采收期，提高黄瓜品质，增产增收效果明显。生产中多采用吊袋方式，在幼瓜开始膨大时每亩悬挂20袋二氧化碳气肥。

六、植株调整

黄瓜植株生长量较大，茎蔓长度可达6～8米，甚至10米以上，生产中要注意进行植株调整，保证植株营养生长和生殖生长的平衡。一般可于7片真叶展开后再行吊蔓，当黄瓜主蔓生长到1.7～1.8米时要及时落蔓，落蔓后的维持生长点高度在1.5米左右，保留15片功能叶片，打掉老叶、病叶，摘除化瓜、弯瓜、畸形瓜，去掉已收完瓜的侧枝。

七、适期采收

采收要及时，防止赘秧。黄瓜雌花开花后7～12天达到商品成熟，花叶枯黄时即可采收，在保证黄瓜商品性的前提下，越早采摘黄瓜果实口感越好。以晴天的清晨为最佳采收时机，前期连阴（雨、雪）天或连续低温时，要适当早采收，以防植株衰弱或染病。采收时用剪刀剪断瓜柄，禁止用手掐断瓜柄。采收工作要细致，防止漏采，并且要轻拿轻放，以免影响植株生长和瓜条的鲜嫩程度及商品性。避免人为、机械或其他因素伤害植株。

不能及时出售或食用的要预冷后贮存，黄瓜适宜的保鲜温度是11～13℃，适宜的空气相对湿度为90%～95%，用保鲜膜或保鲜袋包裹后一般可以存贮7天左右，采摘后黄瓜果实中风味物质含量随着贮藏天数的增加而显著降低，所以新鲜采摘或市场购买的黄瓜越早吃口感越好。

八、病虫害防控

黄瓜经常发生的病害有霜霉病、细菌性角斑病、白粉病；虫害有蚜虫、白粉虱、斑潜蝇等。贯彻“预防为主，综合防治”的方针，综合利用农业防治（高畦栽培、清洁田园、合理轮作、平衡施肥等）、物理防治（防虫网、黄板、蓝板等）、生态防治（温湿调控、高温焖棚等）消除病虫害发生的根源，防止病虫害蔓延。种植过程中要注意经常调查病虫害发生情况，待病虫点片发生后，及时进行防治，在药剂防治时，优先使用生物农药。绿色食品生产可以施用高效、低度、低残留的农药，并严格按照安全用量及安全间隔期使用。严禁使用剧毒农药。

1. 病害防治

（1）霜霉病。在病发生初期喷洒生物农药氨基寡糖素、蛇床子素、铜大师或武夷菌素等生物农药防治；也可用45%达克宁（百菌清）烟剂每亩250克，分放5～6处，傍晚暗火点燃密闭棚室熏一夜，次日清晨通风，7天熏1次，连熏3次。用72%霜脲锰锌可湿性粉剂600～800倍液，或72.2%霜霉威（普力克）水剂600～800倍液喷雾，一般7～10天一次，连喷3次。

（2）细菌性角斑病。在发生初期采用生物农药农用链霉素或氧化亚铜86.2%（铜大师）可湿性粉剂防治，也可选用77%氢氧化铜（可杀得）可湿性粉剂500～600倍液或20%龙克菌悬浮剂500～600倍液喷雾防治。

（3）白粉病。选用生物农药1.5%大黄素甲醚500倍液喷雾防治，7天一次，连喷3次。可选用10%苯醚甲环唑（世高）水分散颗粒剂2 000～3 000倍液或15%粉锈宁（三唑铜）可湿性粉剂1 500倍液喷雾防治。

2. 虫害防治

（1）蚜虫。在风口和门口安装防虫网以阻隔害虫进入，保护地设施内悬挂40厘米×25厘米规格的黄板20～30块来诱杀成虫。可用1%印楝素1 000倍液或藜芦碱（护卫鸟）等生物农药800～1 000倍液进行喷雾防治；或用5%灭蚜粉尘剂，在傍晚时喷粉防治每亩用量1 000克。或10%瓜蚜烟剂，每亩用量500克；也可用10%吡虫啉可湿性粉剂1 500倍液喷雾防治。

（2）白粉虱和烟粉虱。在风口和门口安装防虫网以阻隔害虫进入，保护地设施内悬挂40厘米×25厘米规格的黄板20～30块来诱杀成虫，还可释放天敌来降低虫口密度或采用生物农药生物肥皂和矿物油喷雾防治。发生较多时，采用生物农药生物肥皂50倍液或95%矿物油喷雾防治，应在清晨露水未干时喷药，并且采用2～3台喷雾器同时防治，以达较好效果；或采用25%（噻嗪酮）（扑虱灵）可湿性粉剂1 500倍液加联苯菊酯（天王星）3 000倍液混合喷雾，也可用25%阿克泰水分散剂3 000倍液防治。

（3）斑潜蝇。选用生物农药1%印楝素600倍液或7.5%鱼藤酮600倍液喷雾防治，7天喷施一次，连续喷施2～3次。喷药宜在早晨或傍晚进行，注意交替用药。还可用1.8%阿维菌素（虫螨克）乳油2 000～2 500倍液喷雾。

CHAPTER 6

第六章

产后贮藏技术

第一节　高品质番茄和黄瓜采后品质保持技术

高品质番茄和黄瓜与常规番茄和黄瓜相比，其营养物质和品质例如含糖量、风味物质含量都要高，果皮厚度更薄，果肉质地更细腻等。研究发现影响黄瓜和番茄采后品质下降的最主要因素是高温和温度的波动，其次还有包装和病原菌的污染。

如番茄采收后温度一直保持在 20℃以上，番茄会快速变软，在运输和销售过程中，由于挤压造成破损的比率增加，后期也会增加病原菌的污染，影响番茄的品质和安全。如黄瓜采收后温度一直保持在 15℃以上，果柄初的营养物质会加速向中心转移，造成果柄糠心，降低黄瓜的甜度。

目前最有效的番茄和黄瓜采后品质保持技术是集成温度控制、包装技术、湿度控制和病原菌技术，从多方面控制影响番茄和黄瓜品质的主要因素，使其影响降低到最低，使采后品质损失速率保持在最低水平。

一、温度精准控制

目前大多数冷库温度系统采用 PID 控制算法，控制系统性能差；冷库温度波动范围在±3℃，甚至更大；较大的温度波动常造成番茄和黄瓜品质迅速下降或发生冷害。

变容量数码涡旋制冷机组，通过变容量对蒸发器进行精确控温，使冷库温度能保持±0.5℃的库温变化，冷库温度波动极大缩小。

二、快速预冷

番茄和黄瓜采收后，大番茄采用包装内套用格栅，串收番茄单串包装，黄瓜可单根或双根包装，尽量减少在搬运和运输过程中相互摩擦造成破损。

采收后应在 30 分钟内进行预冷，采收量小，可采用差压预冷技术；采收量大，可采用冷水预冷技术，使番茄和黄瓜核心温度快速降至 12℃以下。

三、包装

包装车间温度应低于 20℃。应尽快完成番茄和黄瓜的挑选、包装、装箱和转运至产品保鲜库。切记包装阶段，不能将从田间采收的番茄和黄瓜（25℃以上）直接保鲜袋包装，或冷库存放的番茄和黄瓜在高温包装车间（25℃以上）直接保鲜袋包装，后转运至产品保鲜库，这两种情况都会造成包装内发生结露现象，后期很容易引起病原菌滋生、果实发生腐烂的现象。

四、串收番茄保鲜

高品质串收番茄多采用单串包装，除了番茄品质下降问题外，还存在果梗、萼片干枯或霉变现象。如果番茄包装开孔过大或过多，则会造成果梗和萼片水分快速散发，引起干枯。如果包装密封，则没有足够的空气交换，包装内湿度大，遇有温度过高，果梗和萼片将会霉变。

用激光打孔聚丙烯薄保鲜膜（PP）替代包装打孔，同时在包装内侧黏附浸泡有次氯酸钠 30 厘米^3/米^3 或 1%过氧乙酸溶液的湿巾，可有效防止串收番茄采后果梗和萼片干枯或霉变的发生。

五、激光打孔聚丙烯保鲜膜

果蔬保鲜关键点是包装设计和温度控制，包装材料又是包装设计的核心。由于聚乙烯（PE）薄膜材料的延展性、热封性和低成本，被广泛应用于果蔬保鲜包装。但近些年由于聚丙烯成本逐渐降低，其透明、挺立、防雾等特点逐渐受到重视，逐渐取代 PE 材料。但聚丙烯保鲜膜透气率太低，24 小时内只有 150～250 升/米^2，往往造成包装内果蔬无氧呼吸甚至腐烂。

利用激光打孔技术在聚丙烯保鲜膜上按照计算模型为番茄和黄瓜定制设计打孔数量和微孔直径，使薄膜具有最佳氧气和二氧化碳透气性，包装内形成适宜的氧气和二氧化碳浓度，避免产品在包装内发生无氧呼吸，避免水分快速散失，同时降低包装内的湿度，防止发生霉变。

六、保鲜库存放

高品质番茄和黄瓜在保鲜库内存放时间不能超过 12 小时，冷库温度设定为 8℃。如果存放时间超过 24 小时，可将冷库温度短暂设定为 5℃。

保鲜库可安装小型臭氧发生器，番茄和黄瓜入库后，可开启臭氧发生器 0.5～1 小时，可对冷库和果实表面进行消杀，减少病菌滋生。

七、配送和销售

配送车辆选用冷藏运输车，温度控制在 15℃以下，车辆和冷库用软接门连接，装车时间 30 分钟内。销售门店卸载也要用软接门，卸车时间 30 分钟内。高品质番茄和黄瓜销售时，应摆放在冷藏销售柜，温度 10～15℃。

第二节　规模化生产基地果菜保鲜技术

一、炎热季节果类蔬菜快速除热技术

炎热季节果类蔬菜体内积蓄大量热能，采收后加速蔬菜的衰败。利用轴流风机在果蔬包装箱两侧形成压力差，使冷空气快速流经果蔬表面，快速将果蔬蓄热和呼吸热去除，降低果蔬温度。设备重量 200 千克，外形尺寸为2.4 米×1.8 米×0.5 米，采用 1.5～2 千瓦轴流风机，80 个普通塑料筐和净压通道构成一个完整的差压预冷系统（图 6－1）。差压预冷机 5 小时使番茄温度由 30℃降至 8℃左右。冷库耗时则为 26～30 小时。运行成本投入约 0.04 元/千克。设备成本投入约为 8 000 元。

图 6－1　移动式冷库预冷机

二、蔬菜运输蓄冷板冷量补充技术

蓄冷剂按照注水与否，分为注水型和凝胶型，凝胶型的根据包装的不同又分为冰袋和蓄冷板。以上蓄冷剂均可重复使用，但冰袋使用中容易被划破，因此不耐用，蓄冷板较为结实耐用，同时由于蓄冷剂配方的差异，通常蓄冷板的蓄冷量较大，作用更持久。

蓄冷板具有高蓄冷量、相对密度小、重复利用、无污染等特点，在蔬菜运输过程中持续释放冷量，使蔬菜保持在较低温度（图 6－2）。

图 6－2　蓄冷板在蔬菜运输中的应用

当装载量在 3 吨以下时，车内放置 20～25 块蓄冷板可保持车内温度在 25℃以下达 3～3.5 小时，因此炎热季节利用蓄冷板可很好地降低运输车内的温度，避免高温对蔬菜的影响。

三、臭氧保鲜和除菌技术

臭氧是一种具有特殊气味，不稳定的淡蓝色气体，氧化能力极强，可用于多种环境的消毒灭菌，与其他化学消毒防腐处理相比，杀灭病原菌范围广、效率高、速度快，而且分解不会残留任何有害物质。

臭氧对番茄表面的杀菌效果比较明显（图 6－3）。采用适当浓度臭氧处理番茄表皮的霉菌和细菌，其总数都会降低，臭氧处理可以有效杀灭番茄表面微生物，但对细菌的杀灭效果优于对霉菌的杀灭效果，同时臭氧也可以脱除番茄等果蔬释放的乙烯。对于番茄适宜的处理方法是臭氧浓度 30 厘米^3/米^3，处理时间 5 分钟。

四、秋季黄瓜增值贮藏技术

北京地区 9 月为露地黄瓜盛产期，销售价格相对较低，根据历史经验，20

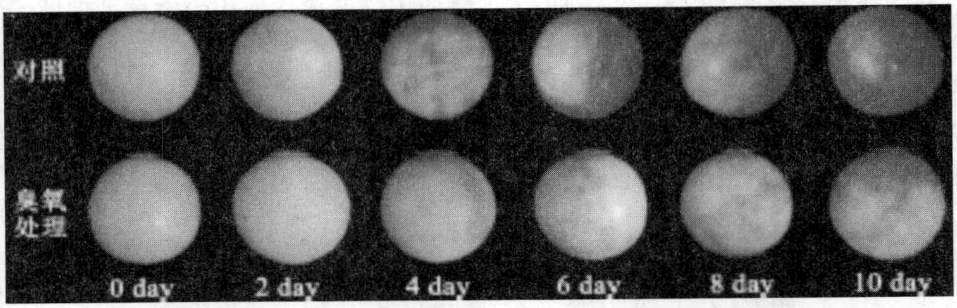

图 6－3　臭氧处理番茄效果

多天后销售价格将快速攀升，价格可以翻倍，因此短期内有升值空间。

入库前使用 1%高锰酸钾喷洒冷库地面和墙面进行消毒，9 月初入库，黄瓜入库后库温保持在 12℃，不能低于 10℃（图 6－4）。9 月底出库，此时为黄瓜淡季，价格上涨。此方法简单，贮藏时间短，风险小。

采收前要控制浇水，黄瓜含水多容易腐烂。另外贮藏后期出现黄瓜瓜条流胶，为采前病害引起，以蔓枯病、菌核病及黑星病较为常见，细菌性病害、生理性病害以及蘸花药使用不当时也可能引起瓜条流胶。

图 6－4　秋季贮藏黄瓜

PART 2

中篇

新设备及配套产品和技术

CHAPTER 7
第七章

环境调控

第一节　卷帘机

日光温室应用于冬、春蔬菜生产中。每天早上太阳升起，棚内温度升高后，需把保温帘卷起到日光温室顶部，傍晚温度下降时再将保温帘放下铺好，以保持日光温室夜间温度。

一、卷轴式卷帘技术

卷轴式卷帘机（图 7－1）主要由地面铰接支座、人字悬臂、电机、减速器、联轴器及卷帘长轴组成。该设备是通过一根长轴直接将保温帘从一头卷起并能放下铺好，长轴由可正反旋转、带自锁功能的电机减速驱动。其卷帘、放帘时间均小于 5 分钟；比原来人工作业时的 20～25 分钟提高效率 300％以上。卷轴式卷帘机分为侧摆卷轴式卷帘机和悬臂卷轴式卷帘机，其中侧摆卷轴式卷帘机适用于温室长度小于 40 米的日光温室。

图 7－1　卷轴式卷帘机

二、拉绳式卷帘技术

拉绳式卷帘机（图7-2）是模仿人工作业原理，在日光温室后墙上按一定间距安装多个人字形支柱，在支柱上安装轴承或滑套，保障轴承或滑套同轴度，安装长轴，长轴与日光温室同等长度。然后按照一定间距安装卷帘绳，卷帘绳长度根据日光温室钢龙骨弧形棚面及保温帘厚度而定，缠绕保温帘一周，一端固定在长轴上，另一端固定在日光温室后墙屋面上；同时按一定间距安装放帘绳，参考卷帘绳长度，绳通过地面定滑轮，一端固定在长轴上，另一端固定在保温帘最低端。当卷帘工作时，电机驱动长轴转动，卷帘绳被长轴卷起，放帘绳放开，同时放帘绳随同保温帘卷起；当放帘工作时，放帘绳被长轴卷起，卷帘绳放开，放帘绳随同保温帘放开。可加装人工摇臂，实现人工卷帘作业。

图7-2　拉绳式卷帘机

三、电动卷帘机自动化控制技术

自动卷帘机（图7-3）可根据太阳日照情况设定卷、放帘时间，定时启

图7-3　电动卷帘机技术

动电机，待卷、放帘到位后，通过触碰三级行程开关防过卷装置自动关闭电机，同时加入遥控信号，可及时处理卷、放帘过程中出现的问题。自动化卷帘机技术的应用可以及时卷、放日光温室保温帘，利于日光温室吸热和保温，工人可同时监管2～4栋日光温室。融合了农机化和信息化的自动化卷帘机技术，使之更加适合生产需求，也进一步提高了生产效率。

四、卷帘机应用选型

日光温室结构多种多样，对卷帘机技术的要求也各不相同，用户可根据日光温室条件参考卷帘机技术进行应用选型（表7-1）。

表7-1　四种卷帘机的适用条件

类型	卷轴式卷帘机		拉绳式卷帘机	
	悬臂卷轴式卷帘机	侧摆卷轴式卷帘机	电动拉绳式卷帘机	手动拉绳式卷帘机
供电情况	有	有	有	无
温室长度	小于100米	小于40米	小于60米	分段小于20米
优缺点	安装简单		安装复杂	

第二节　开窗机

日光温室蔬菜生产过程中，每天要根据日光温室内温、湿度的变化，随时开启或关闭顶风口和腰风口，以减少蔬菜生产病虫害的发生，促进植物更好地生长。

一、拉绳式开窗机

拉绳式开窗机（图7-4）是在温室内依托脊龙骨下弦桁架安装滑套支架，保障滑套同轴度，安装长轴，长轴与日光温室同等长度。在阳坡面按一定间距通过固定于地面的拉绳安装导向定滑轮，然后对应定滑轮安装拉膜绳，拉膜绳长度根据长轴、定滑轮间距及风口宽度而定；拉膜绳两端固定在长轴上，在合适位置拉膜绳与棚膜拉绳固定连接，同时将固定连接点处通过压膜绳做好环套，以防拉合膜时棚膜左右移动。当工作时，电机通过减速器驱动长轴转动，拉膜绳被长轴卷起，一端拉绳，另一端放绳，实现日光温室顶风口的开启或关闭。

图 7-4　拉绳式开窗机

二、卷轴式开窗机

卷轴式开窗机（图 7-5）通过长轴直接卷放棚膜。开启棚膜宽度按需求设定，一般为 0.5 米，在棚顶按棚膜开启位置和宽度，在龙骨上安装卡槽，绷紧棚顶上下棚膜，并留出风口棚膜量，通过一根长轴卷起，长轴一端安装减速电机，减速电机按支撑轨道往返移动，支撑轨道安装在温室墙体上。工作时，电机沿轨道往返运动即可实现棚膜开启，卷轴式卷膜器主要克服系统阻力和卷膜力，受力小，根据日光温室风口开启、关闭。

图 7-5　卷轴式开窗机

三、开窗机自动化控制技术

电动开窗机（图 7-6）替代人工开启、关闭风口，劳动强度降低，但仍需要人工凭感觉判定温湿度来手动开关电源控制风口，停留在粗放式传统管理状态。为提高管理水平，可引进信息自动化控制技术，通过在温室内安装温湿度传感器，监测环境因子，并将环境因子数值传输给控制中心，根据控制中心输入的判定值，当日光温室温湿度高于输入判定值，开窗机自动开启风口；当日光温室温湿度低于输入判定值，开窗机自动关闭风口。同时可将控制中心网络化，实现远程监测和控制，实现了精准化设施农业管理，又进一步提高了生产效率。

图 7－6　电动开窗机

四、开窗机应用选型

由于日光温室的地理环境、结构不同，对开窗机的要求也各不相同，用户可根据日光温室条件参考开窗机即可进行应用选型，具体见表 7－2。

表 7－2　开窗机的适用条件

类型	卷轴式开窗机	拉绳式开窗机	
		电动拉绳式开窗机	手动拉绳式开窗机
供电情况	有	有	无
温室长度	小于 60 米	小于 60 米	小于 40 米
优缺点	①雨天塑料棚膜出水兜 ②安装简单	①雨天塑料棚膜无水兜 ②安装复杂	

第三节　物理增产设备

一、温室空间电场除雾技术

1. 技术内容

温室空间电场除雾技术可通过在温室上方的空间电极组件与地面之间建立起自动循环、间歇工作的空间电场（图 7－7）。空间电极组件中的电极线放出高能带电粒子、臭氧、氮氧化物，在土壤与植株生活体系中形成微弱的直流电流，进而能消除温室的雾气、空气微生物等微颗粒，净化空气，带走飞起的病原体，彻底消除动植物养育封闭环境的闷湿感，建立空气清新的生长环境，有效促进光合作用，健壮植物，提高植物的生长速度，延长作物生育期。

空间电场与高浓度二氧化碳（CO_2）结合，可增加作物产量。产生的臭氧和高能带电粒子具有消毒作用，可以预防植物气传病害和部分土传病害。二氧化氮可以向植物提供空气氮肥，替代含氮化肥的使用。通过感官评价，电除雾防病促蕾设备对温室雾气和气味也有很明显的影响效果，降低了温室的湿度，改善了不良气味，这对在温室内长期工作的农工的身体健康起到了良好的保障作用。

图 7－7　温室空间电场除雾

2. 技术参数

（1）使用电源：220 伏/50 赫兹。

（2）最大控制面积：450 米^2。

（3）最佳控制面积：200～350 米^2。

（4）最大输出功率：1.2 千瓦。

（5）空气病菌除去率：40%～99%。

（6）降湿率：＞90%。

二、二氧化碳增施技术

1. 技术内容

在冬季密闭的大棚温室中，为了保持棚内温度不能大量通风换气，作物天天吸收二氧化碳，导致棚内二氧化碳浓度降低到临界点，降低了光合作用，影响了作物的产量和品质。二氧化碳发生器的使用，能够提高温室中二氧化碳浓度，增加植物光合作用强度，使幼苗健壮，缩短生长期，提高作物产量及品质，提高作物抗病抗侵蚀能力。

二氧化碳发生器（图 7－8）以液化石油气为燃气，采用脉冲电子点火方式，使燃气充分与空气混合燃烧，产生出大量纯净的二氧化碳，用来提高温室中二氧化碳的浓度，促进温室作物的光合作用。使幼苗健壮，缩短生长期，提高早期产量和蔬菜的商品性。

图 7-8　二氧化碳发生器

2. 技术参数

（1）排气方式：大气式。

（2）温室使用面积：300～800 米^2。

（3）燃气消耗量：0.6 千克/时。

（4）二氧化碳产量：1.8 千克/时。

（5）额定电源：220 伏/50 赫兹。

（6）重量：12 千克。

第四节　温室温光调控设备及产品

一、温室后墙水循环蓄热增温技术

1. 技术内容

日光温室水循环储热系统（图 7-9）是利用太阳光的能量转换，在日光温室后墙南面墙壁上的吸热材料通过吸热传导到墙体蓄热，透光膜内的温度逐渐提高，热空气将热能传导至充满水的暖气片内。启动水泵将温水缓缓注入水罐恒温保存，水罐内之前的冷水被推入暖气片内继续吸热循环。周而复始，水罐里的冷水逐渐加温成热水，恒温保温性能的水罐储存的热水既可用来浇灌日光温室内的农作物，又可用于在晚间打开水泵再循环注入暖气片中散热，用以提高日光温室内的温度，保障日光温室内的农作物安全过夜，保证农作物在整个冬季安全越冬。进一步推进我国北方地区日光温室性能，并促进提档升级，可提高日光温室的冬季利用率，提高蔬菜的生产质量及效益。

图 7-9　后墙水循环增温设备

2. 技术参数

（1）吸热器面积：1.6 米^2/个。

（2）蓄水罐体积：0.5 米^3。

（3）增温幅度：≥3℃。

二、温室后墙体蓄热增温技术

1. 技术内容

在日光温室后墙安装风机，温室内部上空的热湿空气从热风口进入，经过风机最后到达储热保温室，热空气经过温室后墙缝隙时吸附更多的热能并储存起来，同时到达储热保温室的热空气先与储热保温室的冷空气接触，储热保温室的温度逐步上升，多余的热空气从储热保温室的冷风口排出，温室内部形成空气置换，到夜间后墙将储存的热量散发到温室内进行热量补充，形成白天黑夜交替热量循环利用（图 7-10）。临床应用上分为旧棚改造和新型再建两种。

图 7-10　后墙体蓄热技术

2. 技术参数

（1）风机功率：0.2 千瓦。

（2）风机个数：5 个。

（3）增温幅度：≥3℃。

三、温室智能通风地温加热技术

1. 技术内容

将白天温室内多余热空气通过风机、地埋管道等装置导入耕种层土壤，形成土壤白天蓄积热量，夜晚再通过该系统将土壤蓄积的热量抽出散发到温室内，以提高温室空气温度。

散热管道（图 7-11）按照温室长度方向每隔 1.5 米埋一条管道，管道埋于土壤下 0.8 米处，管道两端设置进风口和出风口，进风口距地面高度为 2 米，出风口距地面高度为 0.5 米，热空气在管道中均速定向流动，不断将空气热量向土壤中扩散，温度传感器控制风机自动启动、停止。循环路径：顶部热空气→进风口（带轴流风机）→地埋管道→出风口。

图 7-11　地暖增温设备

2. 技术参数

（1）散热管深度：0.8 米。

（2）进风口距地面高度：2 米。

（3）出风口距地面高度：0.5 米。

（4）增温幅度：≥3℃。

第五节　热宝增温块

一、产品介绍

“温室热宝”增温块，商品名称“日光大棚增温增肥剂”，北京市农业技术推广站 2012 年由辽宁省大连引进北京。该产品呈短圆柱状、直径 10 厘米、高 5.5 厘米，每块重量 300 克。产品纵向均匀分布 5 个通风孔，形似蜂窝煤，由木屑和石蜡压制而成，通过产品外可燃涂层点燃内部可燃木质物，是明火燃烧。正确使用不会沤烟，火苗垂直上下燃烧，火苗高度为25厘米左右，一块产品可以释放约18千焦热量，释放3 500米^{3}二氧化碳气肥均值为1 400毫克/千克以便白天光合作用使用，同时具有增温和增施二氧化碳气肥的作用。

二、技术要点（图7-12）

（1）均匀布点。于温室内北侧东西走道上均匀布点，一般50米长的棚室可布3处（每点两块，可燃50分钟）或6处（每点1块，可燃35分钟），每处需用红砖两块，使红砖侧立、间距7～8厘米（以保证通风），将配套的筛网放于砖上。

（2）点燃“热宝”。

①单块使用点燃时，手持“热宝”顺时针倾斜45°，用打火机燃烤中间通风孔边缘，30秒左右即可点燃。点燃后，使火苗向上，将“热宝”放在支撑筛网上即可。

②使用两块点燃时，先将1块置于筛网之上，待另一块点燃后，将其放在第一块之上，放的同时保证上下两块通风口对正。

图7-12 热宝块使用方法

（3）使用时间和次数。低温时期，22点和凌晨3点使用两次，若棚室白天最高温度在10℃以下，也可于上午再使用一次。

（4）注意事项。

①点燃后远离易燃物，切勿置于前底角使用，因为燃烧时火苗高度可达到60多厘米，易灼烧棚膜。

②不要距离植株过近。防止烤/烧伤植株，不要在植株行间使用。

③放置时要保证燃烧面向上。一定要架设筛网以促进“热宝”充分燃烧，以防止产生浓烟。

第六节　LED 补光灯

利用人工光源进行作物补光，可以获得更好的产品品质和效益。补光的光源有白炽灯、荧光灯、高压钠灯（图 7－13）和镝灯等。温室最常用的补光灯有飞利浦农用钠灯（SON～TAGRO）、生物效应灯、密闭荧光灯和白炽灯等，最近几年 LED 灯用于温室补光的相关研究也很活跃。

图 7－13　高压钠灯补光

1%的光照意味着 1%的产量，尤其是在冬、春栽培，外界光照很难满足成年植株的需求。以番茄为例，成年番茄植株满足生长光照积累量的需求是每天每平方厘米 700 焦耳，最大产量的光照积累量每天每平方厘米需求高达 1 400焦耳以上，而北方区域冬季光照每天每平方厘米在 500～800 焦耳（按照透光率 70%计算），合理补光对番茄产量和品质会有很大的提高。目前从补光灯具方面主要包括高压钠灯补光和 LED 灯补光。在欧洲，高压钠灯补光是主要的方式，补光功率一般为 100～120 瓦/米^2，根据作物的生长阶段和外界光照情况，为 4～16 时/天的补光时间。

LED 是近些年来新出现的补光光源，相关研究比较活跃。LED 补光使得作物补光方式更加灵活，比如在植株间的补光，可以在白天光照很好的情况下进行补光，使得底部叶片光合效率大大提高（图 7－14）。LED 灯补光一般补光设计量为有效光合辐射 200 微摩/（米^2·秒），顶部 LED 灯 100 微摩/（米^2·秒），结合植株间 100 微摩/（米^2·秒）进行补光。LED 补光的缺点是前期投资成本较高；优点是后期运行成本较低，补光方式更加灵活，不会因为补光导致温室温度过高，有望成为未来温室补光的主要方式。生产中，有些温室将高压钠灯和LED灯两种补光方式相结合，顶部采用高压钠灯，植株间采用LED灯进行补光。

图7-14　植株间LED灯补光

CHAPTER 8
第八章

省力化栽培

第一节　旋耕机

一、设备简介

1. 动力选择

354D拖拉机（图8-1）是塑料大棚机械化作业主动力，该设备四轮驱动，动力性强；液压提升，操作方便；结构紧凑，通过性好。身高1.75米驾驶员进行作业，可驾驶该拖拉机自如出入塑料大棚，满足蔬菜生产机械化作业需求。

图8-1　大棚王（354D）拖拉机

2. 旋耕机配套

旋耕机主动力为35马力*拖拉机，为保障旋耕深度达25厘米，作业幅宽

* 马力为非法定计量单位，1马力≈735瓦特。

应不大于 1.3 米。同时，由于 354D 拖拉机后轮轮胎外缘距 1.27 米，旋耕幅宽要完全覆盖拖拉机后轮辙，往返旋耕作业时不能留有作业死角，故选用旋耕机作业幅宽为 1.3 米。因此，研究团队筛选出 1GQN－130 型旋耕机与 354D 拖拉机配套。配套作业耕深可达 20～25 厘米，比传统微耕机深耕 5～15 厘米以上；其作业效率是传统微耕机的 10 倍，同时打破多年来微耕机作业造成的犁底层，改善了土壤条件，为棚室蔬菜高效生产奠定了基础（图 8－2）。

图 8－2　旋耕机大棚作业

二、技术参数

配套动力：35 马力拖拉机。

生产率：2～5 亩/小时。

耕深：15～25 厘米。

耕宽：130 厘米。

第二节　小型深耕机

一、设备简介

小型深耕机（图 8－3）旋耕作业深度达 18～22 厘米，打破了传统微耕长期留下的犁底层，改善土壤性能、增强蓄水能力。通过更换工作部件，可实现深耕、开沟、起垄和中耕除草作业，实现一机多用，提高设备利用效率。

图 8－3　小型深耕机

二、技术参数

配套动力：7.5 马力。

旋耕：作业深度 15～20 厘米、生产率为 0.7 亩/时。

开沟：作业宽度 16～30 厘米、作业深度最大为 45 厘米、作业效率为 0.4 亩/时。

中耕除草：作业宽度 62.5 厘米、作业深度 10～20 厘米。

第三节　有机肥撒施机

一、设备简介

输送链式有机肥撒施机（图 8－4）由履带行驶轮、控制部件和肥箱组成，利用汽油发动机为动力，具有自动取肥、施肥的功能。车厢内部的输送链可自动把肥料向后输送，然后通过高速旋转的轮对肥料进行均匀抛撒还田。该机在短时间内可抛撒所装载的肥料，输送链速度也可以根据肥料的量和硬度进行调节。该机结构紧凑、作业效率高、撒播均匀，适用于设施塑料大棚的种肥撒播作业。

图 8－4　输送链式有机肥撒施机

二、技术参数

整机尺寸：2 780 毫米×1 290 毫米×1 218 毫米。
动力：汽油发动机。
功率：5.5 千瓦。
肥箱最大容积：0.72 米^3。
撒肥幅宽：1.8 米，扩散状态。

第四节　起垄机

一、设备简介

结合塑料大棚果菜种植农艺要求，以及354D拖拉机悬挂系统，研究团队研制开发了一种适用于塑料大棚起垄作业的起垄机（图8-5），垄宽在354D拖拉机轮内缘距内，354D拖拉机再次通过时不会碾压垄型。起垄时辅以液压压力，使垄形饱满整齐。

图8-5　起垄机

二、技术参数

配套动力：35马力拖拉机。
生产率：2～3亩/小时。
垄高：10～15厘米。
垄底宽：90～110厘米。
垄顶宽：70～90厘米。

第五节　旋耕起垄一体机

一、设备简介

旋耕起垄一体机（图 8－6）可实现旋耕起垄一次成型，高效节能，并在垄面形成一条滴管沟，便于滴管铺设、浇水。设备结构简单、紧凑。

图 8－6　旋耕起垄一体机

二、技术参数

作业效率：2～5 亩/时。
耕深：15～25 厘米。
垄高：10～15 厘米。
垄底宽：60～80 厘米。
垄顶宽：50～70 厘米。

第六节　移栽机

一、悬挂式吊杯移栽机

1. 设备简介

为适应北京市塑料大棚蔬菜膜上移栽的农艺要求，研究团队对国内 9 种移栽机进行了引进试验，优选出一种 2ZB－2 悬挂式吊杯移栽机。在深入研究移栽机栽植机构、送苗机构及苗体运动原理的基础上，提出改进设计方案，并设计了铺管、覆膜、浇水技术方案，形成了354D拖拉机+2ZB-2A型悬挂式吊杯移栽机（图8-7），一次进棚，可完成铺管、覆膜、定植、浇水复式作业。

图8-7　悬挂式移栽机

2. 技术参数

配套动力：25～40马力。

行数：2行。

行距：40厘米。

株距：35厘米、40厘米、45厘米。

生产率：2 500～3 000株/（时·行）。

二、电动自走式移栽机

1. 设备简介

电动自走式移栽机采用机电一体化设计，电动传动驱动，备用汽油机发电作业；电子智能化控制；行距、株距无级可调；吊杯式栽植器运动轨迹与机具前进速度匹配性可调，保证移栽作业质量；可移栽裸苗和钵苗。采用单乘坐式驾驶和大范围投苗作业，操作简单，节省人工。适用露地秧苗移栽和膜上秧苗移栽（图8-8）。与引进的国外移栽机相比，制造成本低，移栽效果好，适用性好。

2. 技术参数

功率：3千瓦。

电压：48伏。

行距：25～50厘米连续可调。

株距：10～50厘米连续可调。

重量：380千克。

图 8-8　电动自走式移栽机

三、汽油自走式移栽机

1. 设备简介

汽油自走式移栽机操作简单，插植精确，作业效率高，根据农作物体系可以任意调节行距。单趟行驶可以插植 2 行，行距可以滑动调节，可适应各种各样种植作物的栽培体系（图 8-9）。

图 8-9　汽油自走式移栽机

2. 技术参数

型号：PVHR2 - E18。

机体尺寸：2 050 毫米×1 500 毫米×1 600 毫米。

机体重量：240 千克。

发动机：型号 FJ100G（川崎）；功率为 1.5 千瓦，转速为 1 700 转每分。

变速方式：机械变速。

栽植行数：2 行。

行距：30～40 厘米、40～50 厘米。

株距：30 厘米、32 厘米、35 厘米、40 厘米、43 厘米、48 厘米、50 厘米、54 厘米、60 厘米。

作业效率：3 600 株/小时（根据苗、田块情况有所变化）。

第七节　便携式栽植器

一、设备简介

便携式栽植器（图 8 - 10）是一种应用在日光温室果蔬定植时的辅助设备，可减轻人工移栽作业的劳动强度，提高作业效率。该设备由行走轮、支架、四棱投苗筒、限位圆杆、苗盘架等机构组成。其连杆张嘴机构可控制投苗筒下端鸭嘴的闭合和开启，将四棱投苗筒抬起到限位圆杆处，鸭嘴就会闭合；将四棱投苗筒放下插入到土壤中，鸭嘴会张开。其中株距调节杆会根据需要设定不同的株距，当投苗时会自动触地，在栽苗处前方坐下标记。其中行距调节是将主机架向两侧延伸来实现的，并且有仿形功能。

图 8 - 10　便携式栽植器

二、技术参数

株距可调范围：35～45 厘米。

栽植深度：5～9 厘米。

整机重量：20 千克。

第八节　运输车

一、吊轨运输车

吊轨运输技术依托日光温室脊龙骨下弦桁架通过 U 形螺栓安装轨道连接支架，支架通过螺栓连接轨道顶板，轨道由 C 形钢组成。滑轮组在轨道内滚动行走，滑轮组下方通过柔性挂链挂接运输推车。吊轨运输车在安装过程中，所有连接点全部采用螺栓活连接形式，没有焊接、凿洞等工作，不会对日光温室原结构产生破坏。

单车运输车最大重量为 100 千克。工作时，操作人员将物料放在运输推车上，轻轻推动小车就可以实现物料在日光温室内的运输。在输送物料过程中可以左、右方向适当偏移，能有效躲开障碍物，有利于在狭小的日光温室内通行。在不使用时，可以方便地将运输推车从滑轮组上取下，节省空间（图 8-11）。

图 8-11　吊轨运输车

二、地轨运输车

地轨运输车采用两根 L40×40×4 角钢按间距 400 毫米平行铺放在日光温室通道预埋铁上，角钢直角朝上，两单边与预埋铁采用间断式焊接牢固，预埋铁为 500×400×5 钢板在一面焊接 4～6 根 Φ12 螺纹钢，长度为 400～500 毫米。预埋铁通过钢筋插钎在温室内地面上，地面可以是硬化地面也可以是土地夯实，安装间距 4～5 米，要求预埋件上平面保持同面。运输小车由框架式底盘、2 根车轴、4 个三角凹槽式行走滚轮构成，输送小车的滚轮与三角形轨道配合。运输小车可以人工推动也可以备蓄电池、安装电机，通过减速链传动，实现运输小车电动行走（图 8－12）。

地轨运输车结构简单、运输方便、降低劳动强度、方便快捷。单车运输最大重量为 100 千克，满足日光温室内运输要求。采用轨道运输技术，提高运输效率，可减少人力工的雇佣，根据管理经验，采用轨道运输技术，每年至少可节约 5 个人工。

图 8－12　地轨运输车

三、轨道运输车

轨道运输车适用于硬化通道或安装轨道的日光温室，可满足大量采收作业需求。其主要由行走底盘和托箱架两部分组成。

轨道运输车的底盘由厚壁矩管及槽型钢板焊接成矩形框架，框架上平行等距安装塑料滚轴，滚轴外径母线与框架上面共面。框架单侧倒装两个 L 形厚壁方管，方管上安装钢板制成的托盘，中间镂空，形成托箱架。框架前后两端安装倒 U 形推拉扶手。框架下方安装轨道行走轮及地面行走轮。轨道行走轮由前后两个轮轴、四个尼龙轮及轮轴支架构成。地面行走主轮由中间单轴、两个轮子及可拆卸支座构成，地面行走辅轮由 4 个万向轮组成（图 8－13）。

采摘作业时，运输车可码放不同规格的采摘塑料箱。最多可码放 6 层 24 个采摘箱。日光温室使用轨道运输车时，人工只需对果实进行摘剪和码箱，轻轻辅以外力即可推动轨道运输车移动。由于承重托盘采用平行辊轴组成，装满果实的多层箱体可实现轻松换位移动。

图 8－13　轨道运输车

第九节　日光温室农机作业 3D 平台

一、设备简介

日光温室农机作业 3D 平台（图 8－14）是以电源为动力，采用主机平台＋不同农机具方式，通过三维运动可实现土壤耕整地、起垄、移栽等各生产环节自动化或半自动化作业，适宜在大规模生产园区配套使用，以此建立日光温室工厂化作业模式，大幅度提高设施蔬菜生产综合机械化作业水平和作业质量。

3D 平台主要由两条平行的地轨、在地轨上纵向行走的横梁、横梁上横向行走的主机、配件挂接部件以及控制系统组成。纵向行走横梁两端分别与横梁支撑架连接并固定在两侧的纵向行走机构上，横梁与两个纵向行走机构组成龙门式结构，纵向行走机构在电动机的驱动下可以实现横梁纵向行走；主机和配件挂接部件在横梁上通过横向移动电机的驱动实现主机沿横梁横向移动；配件挂接部件在液压升降机构作用下，实现上下、左右、前后的移动，从而实现与作业机具的连接。

作业时，日光温室农机作业 3D 平台连接好农机具，归位作业原点，启动作业程序，即可实现日光温室内无死角作业，大幅度提高生产效率。

图 8-14　3D 平台主机

二、技术参数

农机作业 3D 平台空载运行时平台主机纵向、横向设计行进速度 0～40 米/分钟。

农机作业 3D 平台配套农机具的作业性能。

1. 旋耕作业（图 8-15）

主要技术参数如下：

外形尺寸：长×宽×高为 1 200 毫米×620 毫米×710 毫米。

电机功率：双 2.75 千瓦电机。

旋耕幅宽：100 厘米。

旋耕深度：≤18 厘米。

作业效率：≥0.8 亩/小时。

图 8-15　旋耕作业

2. 土地平整作业（图 8-16）

人工操作进行纵向、横向或斜向平整地作业，作业宽度为 2.0 米。针对同一栋温室，平地作业基本为一次性作业，可以多次重复操作，整栋温室内地面水平误差在 5 厘米内。

主要技术参数如下：

外形尺寸：长×宽×高为 2 000 毫米×200 毫米×460 毫米。

平地幅宽：200 厘米。

推土高度：≤25 厘米。

图 8 - 16　土地平整作业

3. 起垄作业（图 8 - 17）

主要技术参数如下：

外形尺寸：长×宽×高为 1 160 毫米×580 毫米×770 毫米。

电机功率：双 2.75 千瓦电机。

垄型规格：

垄高：10～15 厘米。

垄底宽：90～110 厘米。

垄顶宽：70～90 厘米。

作业效率：≥1 亩/小时。

图 8 - 17　起垄作业

4. 播种作业（图 8 - 18）

实现叶类菜（以油菜为代表）全程机械化作业，研究团队研制开发了 6 行播种机，通过变频电机可实现不同株距播种。

电动播种机主要技术参数如下：

外形尺寸：长×宽×高为 1 020 毫米×620 毫米×640 毫米。

变频电机：120 瓦。

播种幅宽：90 厘米。

播种行数：1～6（可调）。

播种株距：2～50 厘米（可调）。

播种深度：0～5 厘米（可调）。

作业效率：≥1 亩/小时。

图 8－18　播种作业

5. 电动移栽机（图 8－19）

主要技术参数如下：

外形尺寸：长×宽×高为 1 600 毫米×800 毫米×650 毫米。

变频电机：1.5 千瓦。

移栽行数：2 行。

移栽行距：20～50 厘米（可调）。

移栽株距：15～50 厘米（可调）。

移栽频率：5 000～6 000 株/小时。

图 8－19　移栽作业

6. 水肥药一体化技术

纵向喷灌浇水作业，作业宽度为8.2米，在喷杆8.0米均布8个三用喷嘴喷头，可实现满幅均匀浇水、植保作业。

植保作业配备药箱，通过喷杆、喷头实现植保作业（图8-20）。

主要技术参数如下：

作业幅宽：520厘米。

作业喷头：8个三用喷头。

外形尺寸：长×宽×高为920毫米×600毫米×780毫米。

电机功率：370瓦。

药箱容积：40升。

图8-20　植保灌溉作业

7. 运输作业

研究团队设计的单轨电动遥控运输车空载运行速度在0～30米/分钟；负载物品码放平衡，运行速度达20米/分钟，满足肥料等农用物资及采摘收获农产品的运输要求。

电动遥控运输车技术参数如下：

外形尺寸：长×宽×高为880毫米×680毫米×460毫米。

电机功率：1.5千瓦直流电机。

负载运行速度：0～10米/分钟。

额定载重：≤100千克。

遥控距离：≤100米。

第十节　塑料大棚改造技术

一、技术内容

北京市塑料大棚主要为拱形钢龙骨、覆塑料膜形式，常见结构为长度60～80米，跨度9～11米，两端封死，仅留供菜农出入的小门。中型农机设备难以进入大棚作业。研究团队将传统大棚两端封闭的固定结构改造成中间两扇推拉门、推拉门两侧各一个整体可拆卸的活动扇（图 8－21）。推拉门便于日常管理人员进出作业，在作物倒茬和农机作业季节，可将中间两扇推拉门和两侧两个活动扇同时卸下，便于机械进出和循环作业（图 8－22）。农机作业完成后安装上推拉门和快速插接的活动扇，进行棚室的正常生产管理。通过大棚两端宜机化改造，实现了大棚蔬菜生产旋耕、起垄、种植、收获等关键环节的机械化作业，降低了劳动强度，提高了生产效率和综合机械化水平。

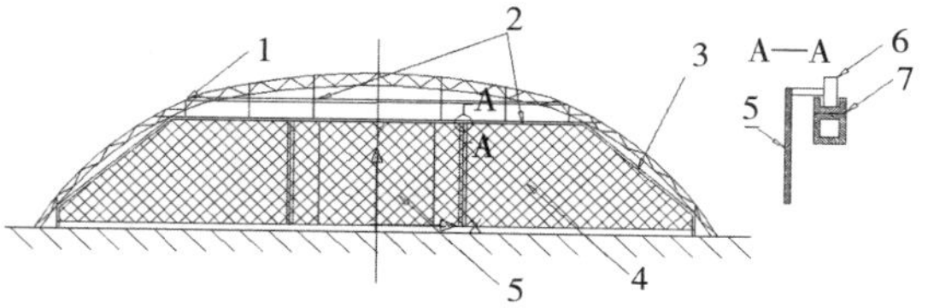

图 8－21　塑料大棚两端结构改造示意

1. 原有大棚端龙骨　2. 横梁　3. 边梁　4. 活动扇　5. 活动门　6. 滚轮　7. 滑槽

图 8－22　改造后的大棚门打开状态

二、改造方案

第一，在塑料大棚一端钢龙骨上加两道横梁（方管规格 60 毫米×40 毫米×4 毫米），长度根据大棚宽度（9～11 米）不等，两道横梁间距 20 厘米，下横梁距地面高度 1.80 米，保障作业通过性。

第二，在横梁两端加固斜侧支撑（方管规格 60 毫米×40 毫米×4 毫米）。斜侧支撑上端与两道横梁焊接同时跨接棚钢龙骨不少于 3 根，随形钢龙骨并与之固接，同时生根地面下大于 60 厘米。三道梁中间形成的扇面为作业通道。

第三，在横梁与两个斜侧拉梁形成的端面内，设计 2 个活动扇和 2 个活动门，活动扇安装两侧（方管规格 40 毫米×20 毫米×4 毫米，中间加一道横梁和两道立梁），分别长 4～5 米，与边框采用方便快捷的活动销连接，与地面采用插扦固定。活动门（两扇推拉门，每扇 50 厘米）同横梁上滑槽、滚轮和滚轮轴连接，实现沿滑槽移动达到开关门。

第四，在横梁、侧拉梁上端面采用卡槽，塑料膜直接密封，在活动扇、活动门封膜时留有边膜余量 20～30 厘米，在安装好活动扇后，可将留有的边膜卡在卡槽内，以保障端膜密封性。

三、注意事项

（1）中间两扇推拉门用于日常工作人员及物资进出，宽度 1.5～2 米，高度不低于 1.8 米。

（2）两侧可拆卸的活动扇，采用快速插接安装，作业季节方便拆装。

（3）要在保持大棚原有结构，不破坏其强度，且不过多增加结构成本的前提下，对大棚两端进行结构改造。

（4）改造后要保持大棚原有抗风载能力。

第十一节　塑料大棚果菜高效生产机械化配套方案

研究团队以塑料大棚结构改造为突破，采用核心装备的创新研发、配套装备的筛选改进等技术措施，实现了 35 马力拖拉机为主动力，集成配套有机肥撒施机、深耕机、起垄机、铺管＋覆膜＋定植＋浇水复式作业移栽机、两种小型自走式移栽机等，构建 3 种果菜高效生产机械化技术模式（表 8－1、表 8－2、表 8－3）。这 3 种技术模式既可适用于塑料大棚果菜膜及裸地移栽种植生产，也可适用于露地果菜的膜和裸地移栽种植生产。

表 8-1　塑料大棚——果类菜垄上铺膜移栽定植机械化配套技术方案一

作业环节	施肥＋整地		旋耕起垄铺管覆膜＋移栽定植			备注
	施撒粉状肥	旋耕	旋耕起垄铺管覆膜	配套设备一	配套设备二	
配套动力	/	354D 大棚王	354D 大棚王	/	/	354D 大棚王拖拉机
配套设备	MSX650M 自走式施肥机	1GKN－130 旋耕机	1GZV90 旋耕起垄铺管覆膜机	2ZY－2A（PVHR2－E18）井关自走式移栽机	2ZB－2 宝鸡电动自走式移栽机	
技术参数及效果图	撒施幅宽：120～250 厘米 撒施量：0～1.14 米^3/分 肥箱容积：0.72 米^3 行走速度：0～3 千米/小时 负载爬坡：15° 空载爬坡：25° 适用：厩肥、有机肥 可取肥装车，撒施均匀	耕幅：130 厘米 耕深：15～25 厘米 效率：2～5 亩/小时 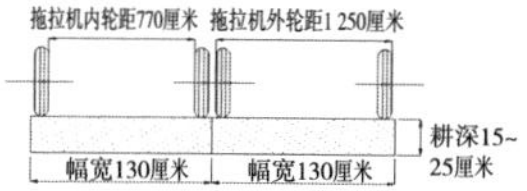	耕深：15～20 厘米 垄高：15 厘米 上垄面宽：80～90 厘米 下垄面宽：100～110 厘米 垄高：16.5 厘米 膜宽：120 厘米 最小垄间距：130 厘米 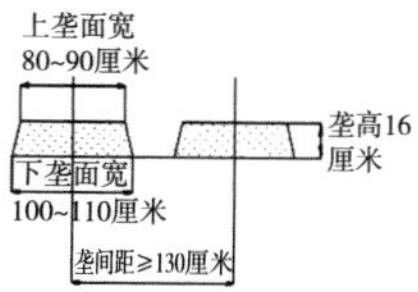	种植行数：2 行 种植行距：30 厘米、45 厘米、35 厘米、50 厘米 种植株距：27 厘米、29 厘米、31 厘米、33 厘米、36 厘米、38 厘米 栽植深度：3～9 厘米 适应垄高：10～20 厘米 栽植苗高：10～33 厘米 栽植效率：3 600 株/小时 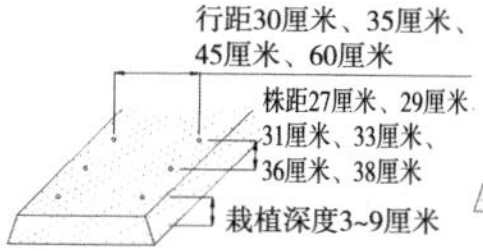	种植行数：2 行 种植行距：25～50 厘米无极调 种植株距：10～50 厘米无极调 栽植深度：3～9 厘米 适应垄高：0～25 厘米 栽植苗高：4～25 厘米 栽植效率：2 000～4 000 株/小时 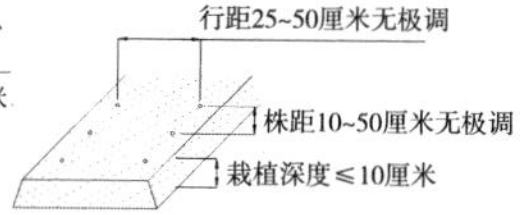	四轮驱动，液压悬挂 最小垄间距：100 厘米

（续）

作业环节	施肥+整地		旋耕起垄铺管覆膜+移栽定植			备注
	施撒粉状肥	旋耕	旋耕起垄铺管覆膜	配套设备一	配套设备二	
设备图						
适用范围	塑料大棚	塑料大棚；露地	塑料大棚；露地	塑料大棚；露地	塑料大棚；露地	塑料大棚；露地

注：农艺过程为施肥+整地+旋耕起垄铺管覆膜+移栽。

表 8－2　塑料大棚—果类菜垄上铺膜移栽定植机械化配套技术方案二

作业环节	施肥＋整地		旋耕起垄＋铺管覆膜移栽		备注
	施撒粉状肥	旋耕	旋耕起垄	铺管覆膜移栽定植	
配套动力	/	354D 大棚王	354D 大棚王	354D 大棚王	354D 大棚王拖拉机
配套设备	MSX650M 自走式施肥机	1GKN－130 旋耕机	1GZV60 旋耕起垄一体机	2ZB－2 悬挂式铺管覆膜移栽机	
技术参数及效果图	撒施幅宽：120～250 厘米 撒施量：0～1.14 米^3/分 肥箱容积：0.72 米^3 行走速度：0～3 千米/小时 负载爬坡：15° 空载爬坡：25° 适用：厩肥、有机肥 可取肥装车，撒施均匀	耕幅：130 厘米 耕深：15～25 厘米 效率：2～5 亩/小时 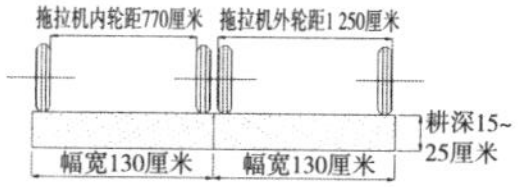	耕深：15～20 厘米 垄高：15 厘米 上垄面宽：50 厘米、60 厘米、70 厘米 下垄面宽：60 厘米、70 厘米、80 厘米 最小垄间距：105 厘米、110 厘米、115 厘米 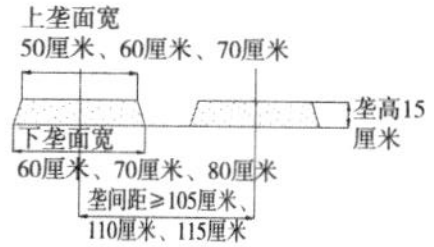	种植行数：2 行 种植行距：40 厘米 种植株距：35～40 厘米 栽植深度：5～8 厘米 适应垄高：0～25 厘米 栽植苗高：≤15 厘米 栽植效率：2 000～3 600 株/小时 膜宽：100 厘米 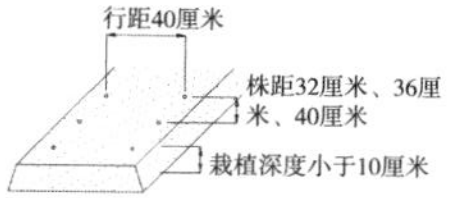	四轮驱动，液压悬挂 最小垄间距：100 厘米
设备图					
适用范围	塑料大棚	塑料大棚；露地	塑料大棚；露地	塑料大棚；露地	塑料大棚；露地

注：农艺过程为施肥＋整地＋旋耕起垄＋铺管覆膜移栽。

表 8-3 果类菜裸地垄上移栽定植机械化配套技术之三

作业环节	前期整地			旋移栽定植		备注
	施撒粉状肥	旋耕	旋耕起垄	配套设备一	配套设备二	
配套动力	/	354D 大棚王	354D 大棚王	/	/	354D 大棚王拖拉机
配套设备	MSX650M 自走式施肥机	1GKN-130 旋耕机	1GZV60 旋耕起垄一体机	2ZY-2A（PVHR2-E18）井关自走式移栽机	2ZB-2 宝鸡电动自走式移栽机	
技术参数及效果图	撒施幅宽：120~250 厘米 撒施量：0~1.14 米^3/分 肥箱容积：0.72 米^3 行走速度：0~3 千米/小时 负载爬坡：15° 空载爬坡：25° 适用：厩肥、有机肥	耕幅：130 厘米 耕深：15~25 厘米 效率：2~5 亩/小时	耕深：15~20 厘米 垄高：15 厘米 上垄面宽：50 厘米、60 厘米、70 厘米 下垄面宽：60 厘米、70 厘米、80 厘米 最小垄间距：105 厘米、110 厘米、115 厘米	种植行数：2 行 种植行距（厘米）：30、45、35、50 种植株距（厘米）：27、29、31、33、36、38 栽植深度：3~9 厘米 适应垄高：10~20 厘米 栽植苗高：10~33 厘米 栽植效率：3 600 株/小时 内轮距（内置）：78.5~98.5 厘米 内轮距（外置）：109~129 厘米 轮带宽：6 厘米	种植行数：2 行 种植行距：25~50 厘米无极调 种植株距：10~50 厘米无极调 栽植深度：3~9 厘米 适应垄高：0~25 厘米 栽植苗高：4~25 厘米 栽植效率：2 000~4 000 株/小时 内轮距：74~94 厘米 轮带宽：6 厘米	前轮内轮距：77 厘米 后轮外轮距：125 厘米 后轮胎宽度：24 厘米 （轮胎规格9.25~24） 前轮胎宽度：15 厘米 （轮胎规格9.00~16） 最小垄间距：100 厘米
	可取肥装车，撒施均匀	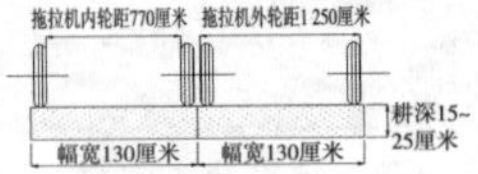 	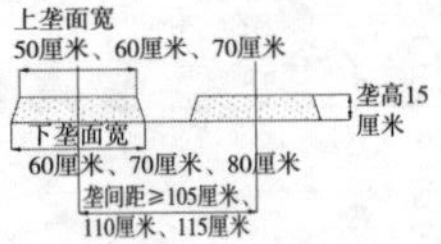 	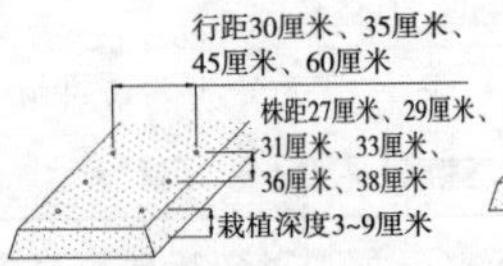 	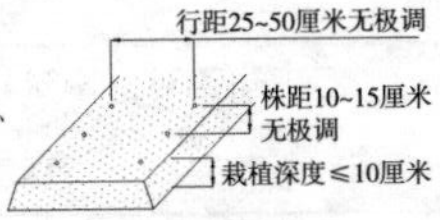 	

（续）

作业环节	前期整地		旋移栽定植			备注
	施撒粉状肥	旋耕	旋耕起垄	配套设备一	配套设备二	
设备图						
参考报价	8 万 ~9 万	0.5 万 ~1 万	1.6 万	7 万 ~8 万	5 万 ~6 万	3 万 ~4 万
使用范围	塑料大棚	塑料大棚；露地	塑料大棚；露地	塑料大棚；露地	塑料大棚；露地	塑料大棚；露地

注：农艺过程为整地 + 旋耕起垄 + 移栽。

CHAPTER 9

第九章

肥料及菌剂

第一节 配方肥

配方肥指以土壤测试和田间试验为基础，根据作物需肥规律、土壤供肥性能和肥料效应，以各种单质化肥和（或）复混肥料为原料，有针对性地添加适量中量、微量元素或特定有机肥料，采用掺混或造粒工艺制成的适合于特定区域、特定作物的肥料。配方肥的特点：科技含量高、针对性强、实用性强、化肥利用率高。

一、肥料配方设计

基于田块的肥料配方设计，首先确定氮、磷、钾养分的用量，然后确定相应的肥料组合，通过提供配方肥料或发放配方肥料通知单，指导农民使用。肥料用量的确定方法主要包括土壤与植株测试推荐施肥方法、肥料效应函数法、土壤养分丰缺指标法和养分平衡法。

1. 土壤与植株测试推荐施肥方法

该技术综合了目标产量法、养分丰缺指标法和作物营养诊断法的优点。在综合考虑有机肥、作物秸秆应用和管理措施的基础上，根据氮、磷、钾和中量、微量元素养分的不同特征，采取不同的养分优化调控与管理策略。其中，氮肥推荐根据土壤供氮状况和作物需氮量，进行实时动态监测和精确调控，包括基肥和追肥的调控；磷、钾肥通过土壤测试和养分平衡进行监控；中量、微量元素采用因缺补缺的矫正施肥策略。该技术包括氮素实时监控、磷钾养分恒量监控和中量、微量元素养分矫正施肥技术。

（1）氮素实时监控施肥技术。根据不同土壤、不同作物、不同目标产量确定作物需氮量，以需氮量的 30%～60%作为基肥用量。具体基施比例根据土壤全氮含量，同时参照当地丰缺指标来确定。一般在全氮含量偏低时，采用需氮量的50%～60%作为基肥；在全氮含量居中时，采用需氮量的40%～50%作为基肥；在全氮含量偏高时，采用需氮量的30%～40%作为基肥。30%～60%基肥比例可根据上述方法确定，并通过“3414”田间试验进行校验，建立当地不同作物的施肥指标体系。有条件的地区可在播种前对0～20厘米土壤无机氮（或硝态氮）进行监测，调节基肥用量。

$$\text{基肥用量}=\frac{(\text{目标产量需氮量}-\text{土壤无机氮施肥量})\times(30\%\sim60\%)}{\text{肥料中养分含量}\times\text{肥料当季利用率}}$$

其中，土壤无机氮施肥量＝土壤无机氮测试值×0.15×校正系数

氮肥追肥用量推荐以作物关键生育期的营养状况诊断或土壤硝态氮的测试为依据，这是实现氮肥准确推荐的关键环节，也是控制过量施氮或施氮不足、提高氮肥利用率和减少损失的重要措施。测试项目主要是土壤全氮含量、土壤硝态氮含量或玉米最新展开叶叶脉中部硝酸盐浓度。

（2）磷钾养分恒量监控施肥技术。根据土壤有（速）效磷、钾含量水平，以土壤有（速）效磷、钾养分不成为实现目标产量的限制因子为前提，通过土壤测试和养分平衡监控，使土壤有（速）效磷、钾含量保持在一定范围内。对于磷肥，基本思路是根据土壤有效磷测试结果和养分丰缺指标进行分级，当有效磷水平处于中等偏上时，可以将目标产量需要量（只包括带出田块的收获物）的100%～110%作为当季磷肥用量；随着有效磷含量的增加，需要减少磷肥用量，直至不施；随着有效磷的降低，需要适当增加磷肥用量，在急缺磷的土壤上，可以施到需要量的150%～200%。在2～3年再次测土时，根据土壤有效磷和产量的变化再对磷肥用量进行调整。钾肥首先需要确定施用钾肥是否有效，再参照上面方法确定钾肥用量，但需要考虑有机肥和秸秆还田带入的钾量。一般大田作物磷、钾肥全部作基肥。

（3）中量、微量元素养分矫正施肥技术。中量、微量元素养分的含量变幅大，作物对其需要量也各不相同。主要与土壤特性（尤其是母质）、作物种类和产量水平等有关。矫正施肥就是通过土壤测试，评价土壤中量、微量元素养分的丰缺状况，进行有针对性的因缺补缺的施肥。

2. 肥料效应函数法

根据“3414”方案田间试验结果建立当地主要作物的肥料效应函数，直接获得某一区域和某种作物的氮、磷、钾肥料的最佳施肥量，为肥料配方和施肥推荐提供依据。

3. 土壤养分丰缺指标法

通过土壤养分测试结果和田间肥效试验结果，建立不同作物、不同区域的土壤养分丰缺指标，提供肥料配方。

土壤养分丰缺指标田间试验也可采用“3414”部分实施方案（表9-1）。

"3414"方案中的处理1为空白对照（CK），处理6为全肥区（NPK），处理2、4、8为缺素区，即分别为无氮、无磷、无钾区（PK、NK、NP）。收获后计算产量，用缺素区产量占全肥区产量百分数（即相对产量的高低）来表达土壤养分的丰缺情况。相对产量低于50%的土壤养分为极地；相对产量50%～60%（不含）为低，60%～70%（不含）为较低，70%～80%（不含）为中，80%～90%（不含）为较高，90%（含）以上为高，从而确定适用于某一区域、某种作物的土壤养分丰缺指标及对应的肥料施用数量。对该区域其他地块，通过土壤养分测试，就可以了解土壤养分的丰缺状况，提出相应的推荐施肥量。

表9-1　氮、磷二元二次肥料试验设计与"3414"方案处理编号对应

处理编号	"3414"方案处理编号	处理	N	P	K
1	1	$N_0P_0K_0$	0	0	0
2	2	$N_0P_2K_2$	0	2	2
3	3	$N_1P_2K_2$	1	2	2
4	4	$N_2P_0K_2$	2	0	2
5	5	$N_2P_1K_2$	2	1	2
6	6	$N_2P_2K_2$	2	2	2
7	7	$N_2P_3K_2$	2	3	2
8	11	$N_3P_2K_2$	3	2	2
9	12	$N_1P_1K_2$	1	1	2

4. 养分平衡法

（1）基本原理与计算方法。根据作物目标产量需肥量与土壤供肥量之差估算施肥量，计算公式为：

$$施肥量=\frac{目标产量所需养分总量-土壤供肥量}{肥料中养分含量\times 肥料当季利用率}$$

养分平衡法涉及目标产量、作物需肥量、土壤供肥量、肥料利用率和肥料中有效养分含量五大参数。土壤供肥量即为"3414"方案中处理1的作物养分吸收量（表9-2）。目标产量确定后因土壤供肥量的确定方法不同，形成了地力差减法和土壤有效养分矫正系数法两种。

表9-2　"3414"试验方案处理

试验编号	处理	N	P_2O_5	K_2O
1	$N_0P_0K_0$	0	0	0

（续）

试验编号	处理	N	P_2O_5	K_2O
2	$N_0P_2K_2$	0	2	2
3	$N_1P_2K_2$	1	2	2
4	$N_2P_0K_2$	2	0	2
5	$N_2P_1K_2$	2	1	2
6	$N_2P_2K_2$	2	2	2
7	$N_2P_3K_2$	2	3	2
8	$N_2P_2K_0$	2	2	0
9	$N_2P_2K_1$	2	2	1
10	$N_2P_2K_3$	2	2	3
11	$N_3P_2K_2$	3	2	2
12	$N_1P_1K_2$	1	1	2
13	$N_1P_2K_1$	1	2	1
14	$N_2P_1K_1$	2	1	1

地力差减法是根据作物目标产量与基础产量之差来计算施肥量的一种方法。其计算公式为：

$$施肥量=\frac{（目标产量-基础产量）\times单位经济产量养分吸收量}{肥料中养分含量\times肥料利用率}$$

基础产量即为“3414”方案中处理1的产量。

土壤有效养分矫正系数法是通过测定土壤有效养分含量来计算施肥量。其计算公式为：

$$施肥量=\frac{作物单位产量养分吸收量\times目标产量-土壤测试值\times0.15\times土壤有效养分矫正系数}{肥料中养分含量\times肥料利用率}$$

（2）有关参数的确定。

①目标产量。目标产量可采用平均单产法来确定。平均单产法是利用施肥区前3年平均单产和年递增率为基础确定目标产量，其计算公式是：

$$目标产量=（1+递增率）\times前3年平均单产$$

一般设施蔬菜的递增率为30%，露地蔬菜递增率为20%。

②作物需肥量。通过对正常成熟的农作物全株养分的分析，测定各种作物百千克经济产量所需养分量，乘以目标产量即可获得作物需肥量。

$$作物目标产量所需养分量=\frac{目标产量}{100}\times百千克产量所需养分量$$

③土壤供肥量。土壤供肥量可以通过测定基础产量、土壤有效养分矫正系

数两种方法估算。

a. 通过基础产量估算（处理1产量）：不施肥区作物所吸收的养分量作为土壤供肥量。

$$土壤供肥量=\frac{不施养分区农作物产量}{100}\times百千克产量所需养分量$$

b. 通过土壤有效养分矫正系数估算：将土壤有效养分测定值乘一个校正系数，以表达土壤“真实”供肥量。该系数称为土壤有效养分校正系数。

$$土壤有效养分校正系数（\%）=\frac{缺素区作物地上部分吸收该元素量}{该元素土壤测定值\times0.15}$$

④肥料利用率。一般通过差减法来计算。利用施肥区作物吸收的养分量减去不施肥区农作物吸收的养分量，其差值视为肥料供应的养分量，再除以所用肥料养分量就是肥料利用率。

$$肥料利用率（\%）=\frac{施肥区农作物吸收养分量-缺素区农作物吸收养分量}{肥料施用量\times肥料中养分含量}\times100\%$$

上述公式以计算氮肥利用率为例来进一步说明。

a. 施肥区（NPK区）农作物吸收养分量（千克/亩）：“3414”方案中处理6的作物总吸氮量。

b. 缺氮区（PK区）农作物吸收养分量（千克/亩）：“3414”方案中处理2的作物总吸氮量。

c. 肥料施用量（千克/亩）：施用的氮肥肥料用量。

d. 肥料中养分含量（%）：施用的氮肥肥料所标明的含氮量。

如果同时使用了不同品种的氮肥，应计算所用的不同氮肥品种的总氮量。

⑤肥料养分含量。供施肥料包括无机肥料与有机肥料。无机肥料、商品有机肥料含量按其标明量，不明养分含量的有机肥料养分含量可参照当地不同类型有机肥养分平均含量获得（表9-3至表9-5）。

表9-3 常见果菜单位产量养分吸收量

作物	收获物	形成100千克经济产量所吸收的养分量		
		氮（N）	五氧化二磷（P_2O_5）	氧化钾（K_2O）
黄瓜	果实	0.40	0.35	0.55
茄子	果实	0.30	0.10	0.40
番茄	果实	0.45	0.50	0.50
甜（辣）椒	果实			

表 9-4 主要肥料养分含量

肥料名称	养分含量（%）			
	氮	磷	钾	锌
尿素	46			
磷酸二铵	18	46		
硫酸钾			50	
氯化钾			60	
硝酸钾	13.5		44～46	

表 9-5 主要有机肥养分含量

代码	名称	风干基			鲜基		
		氮（%）	磷（%）	钾（%）	氮（%）	磷（%）	钾（%）
A	**粪尿类**	4.869	0.802	3.011	0.605	0.175	0.411
A04	猪粪	2.090	0.817	1.082	0.547	0.245	0.294
A05	猪尿	12.126	1.522.	10.679	0.166	0.022	0.157
A06	猪粪尿	3.773	1.095	2.495	0.238	0.074	0.171
A07	马粪	1.347	0.434	1.247	0.437	0.134	0.381
A09	马粪尿	2.552	0.419	2.815	0.378	0.077	0.573
A10	牛粪	1.560	0.382	0.898	0.383	0.095	0.231
A11	牛尿	10.300	0.640	18.871	0.501	0.017	0.906
A12	牛粪尿	2.462	0.563	2.888	0.351	0.082	0.421
A19	羊粪	2.317	0.457	1.284	1.014	0.216	0.532
A24	鸡粪	2.137	0.879	1.525	1.032	0.413	0.717
A25	鸭粪	1.642	0.787	1.259	0.714	0.364	0.547
B	**堆沤肥类**	0.925	0.316	1.278	0.429	0.137	0.487
B01	堆肥	0.636	0.216	1.048	0.347	0.111	0.399
B02	沤肥	0.635	0.250	1.466	0.296	0.121	0.191
B05	猪圈粪	0.958	0.443	0.950	0.376	0.155	0.298
B06	马厩肥	1.070	0.321	1.163	0.454	0.137	0.505
B07	牛栏粪	1.299	0.325	1.820	0.500	0.131	0.720
B10	羊圈粪	1.262	0.270	1.333	0.782	0.154	0.740

（续）

代码	名称	风干基			鲜基		
		氮（%）	磷（%）	钾（%）	氮（%）	磷（%）	钾（%）
B16	土粪	0.375	0.201	1.339	0.146	0.120	0.083
C	**秸秆类**	1.051	0.141	1.482	0.347	0.046	0.539
C01	水稻秸秆	0.826	0.119	1.708	0.302	0.044	0.663
C02	小麦秸秆	0.617	0.071	1.017	0.314	0.040	0.653
C04	玉米秸秆	0.869	0.133	1.112	0.298	0.043	0.384
C07	油菜秸秆	0.816	0.140	1.857	0.266	0.039	0.607
D	**绿肥类**	2.417	0.274	2.083	0.524	0.057	0.434
D01	紫云英	3.085	3.901	2.065	0.391	0.042	0.269
D02	苕子	3.047	0.289	2.141	0.632	0.061	0.438
D05	草木犀	1.375	0.144	1.134	0.260	0.036	0.440
D06	豌豆	2.470	0.241	1.719	0.614	0.059	0.428
D18	三叶草	2.836	0.293	2.544	0.643	0.059	0.589
D49	茅草	0.749	0.109	0.755	0.385	0.054	0.381
F	**饼肥**	0.428	0.519	0.828	2.946	0.459	0.677
F01	豆饼	6.684	0.440	1.186	4.838	0.521	1.338
F02	菜籽饼	5.520	0.799	1.042	5.195	0.853	1.116
F03	花生饼	6.915	0.547	0.962	4.123	0.367	0.801
F05	芝麻饼	5.079	0.731	0.564	4.969	1.043	0.778
F06	茶籽饼	2.926	0.488	1.216	1.225	0.200	0.845
F09	棉籽饼	4.293	0.541	0.760	5.514	0.967	1.243
F18	酒渣	2.867	0.330	0.350	0.714	0.090	0.104
F32	木薯渣	0.475	0.054	0.247	0.106	0.011	0.051
G	**海肥类**	2.513	0.579	1.528	1.178	0.332	0.399
H	**农用废渣液**	0.882	0.348	1.135	0.317	0.173	0.788
H01	城市垃圾	0.319	0.175	1.344	0.275	0.117	1.072
I	**腐殖酸类**	0.956	0.231	1.104	0.438	0.105	0.609
I01	褐煤	0.876	0.138	0.950	0.366	0.040	0.514
J	**沼气发酵肥**	6.231	1.167	4.455	0.283	0.113	0.136
J01	沼渣	12.924	1.828	9.886	0.109	0.019	0.088
J02	沼液	1.866	0.755	0.835	0.499	0.216	0.203

二、测土配方施肥的测定内容、时间和方法

测定的主要内容有：土壤性质、酸碱度、有机质含量、含水量以及氮、磷、钾、钙、铁、硼、锰、锌、铜等元素的含量。测定的时间应在蔬菜播种栽培之前和农闲时进行，也可在蔬菜生长期进行田间测土，为及时追肥提供数字依据。测定方法有两种，一是用土壤速测箱在田间测土，该方法简单方便、快速，当时就可出结果；二是把土壤取回试验室，进行分析测定，这种方法较麻烦，但数据精确。

三、配方肥的合理施用

在养分需求与供应平衡的基础上，坚持有机肥料与无机肥料相结合；坚持大量元素与中量、微量元素相结合；坚持基肥与追肥相结合；坚持施肥与其他措施相结合。在确定肥料用量和肥料配方后，合理施肥的重点是选择肥料种类，确定施肥时期和施肥方法等。

四、配方肥的种类

根据土壤性状、肥料特性、作物营养特性、肥料资源等综合因素确定肥料种类，可选用单质或复混肥料自行配制配方肥料，也可以直接购买配方肥料。不同肥料能否混合施用见表 9-6。

表 9-6　主要肥料能否混合施用查对表

氯化铵	1																					
碳酸氢铵	1	1																				
氨水	1	1	1																			
硝酸铵	1	3	1	1																		
硝酸钙	3	3	3	3	3																	
硝酸铵钙	1	3	3	3	1	1																
硫硝酸铵	2	1	1	1	2	3	1															
尿素	1	1	1	1	1	3	1	3														
石灰氮	3	3	3	3	3	1	3	3	3													
过磷酸钙	2	2	2	2	1	3	3	1	1	3												
重过磷酸钙	2	2	2	2	3	3	3	1	1	3	2											
钙镁磷肥	3	3	3	3	3	3	3	3	3	3	3	3										
沉淀磷酸钙	2	2	1	1	1	3	1	1	1	3	1	1	3									

（续）

钢渣磷肥	3	3	3	3	3	1	3	3	3	2	3	3	1	1								
磷矿粉、骨粉	1	1	1	3	1	1	1	1	1	2	2	3	2	1	2							
磷酸铵	1	1	1	1	1	3	3	1	1	3	2	2	3	2	3	3						
硫酸钾	2	2	1	1	2	1	1	2	2	2	1	2	3	2	2	2	1					
氯化钾	2	2	1	1	2	3	3	1	1	1	2	2	3	2	1	1	3	2				
草木灰	3	3	3	3	3	1	3	3	3	2	3	3	2	1	2	2	3	2	2			
人粪尿	2	2	3	3	2	3	3	1	1	3	2	2	2	2	3	2	2	2	2	3		
堆肥、圈肥	2	2	3	3	2	3	3	1	1	3	2	2	2	2	3	2	1	2	2	3	2	
石灰	3	3	3	3	3	1	3	3	3	2	3	3	2	3	2	2	3	2	2	3	3	3
	硫酸铵	氯化铵	碳酸氢铵	氨水	硝酸铵	硝酸钙	硝酸铵钙	硫硝酸铵	尿素	石灰氮	过磷酸钙	重过磷酸钙	钙镁磷肥	沉淀磷酸钙	钢渣磷肥	磷矿粉、骨粉	磷酸铵	硫酸铵	氯化钾	草木灰	人畜粪尿	堆肥、圈肥

注：1表示可以混合施用，2表示混合后立即施用，3表示不能混合施用。

五、施肥时期

根据肥料性质和植物营养特性，适时施肥。植物生长旺盛和吸收养分的关键时期应重点施肥，有灌溉条件的地区分期施肥。根据作物不同时期氮肥推荐量的确定，有条件区域应建立并采用实时监控技术。

六、施肥方法

施肥方式有撒施后耕翻，条施、穴施、滴灌或喷灌施肥等。应根据作物种类、栽培方式、肥料性质等选择适宜施肥方法。例如氮肥应深施覆土，施肥后灌水量不能过大，否则造成氮素淋洗损失；水溶性肥料最好随浇水少量多次滴灌或喷灌施用。水溶性磷肥应集中施用，难溶性磷肥应分层施用或与有机肥料堆沤后施用；有机肥料要经腐熟后施用，并深翻入土。

七、果菜测土配方施肥原则

首先根据不同果菜类型和品种、生长发育、产量和测定土壤养分含量情况，确定施肥种类和数量。根据有机肥和化肥的特点，合理搭配施用。有机肥肥效长，养分全面，有微生物活动，可疏松和改善土壤品质，具有明显提高果菜产量和改善蔬菜品质的作用，宜作基肥。化肥速效，有效期短，含养分单一，宜作追肥。为了提高有机肥和化肥的利用率，发挥肥效，一般将两种肥料搭配混合使用。根据果菜的生长发育情况、需要养分的多少，确定追肥数量、次数和间隔时间。如果生长发育很好，生育周期短的果菜，少追肥或不追肥；生长发育差，生育期长的果菜，应增加追肥次数，每次少量，一般每隔 7～15 天追一次。根据不同果菜品种和肥料种类，确定施肥方法。

1. 合理施用有机肥

有机肥通过充分发酵，营养丰富，肥效持久，利于吸收，可供果菜整个生长发育周期使用，最重要的是有机肥还具有改土培肥的作用。但有机肥施用过量也会对土壤和植株造成一定的伤害，有机肥易使土壤中无机氮含量过高，还含有相当多的易于挥发损失的铵态氮，易引起植株硝酸盐含量高，也会随着灌水引起地下水硝酸盐含量升高。另外，过量施用有机肥也会造成土壤磷、钾的富集，造成生态环境的污染。

2. 科学合理施用化肥

根据测土了解土壤养分含量和各种化肥的性能，确定使用化肥的品种、数量和配比。化肥作基肥最好与有机肥混合施用，因为有机肥有吸附化肥营养元素的能力，可提高肥效。化肥作追肥尽量结合灌溉条件采取“少量多次”的施肥方法，既能提高肥效，也能节肥节水。化肥的养分含量高，用量不宜过多，否则易出现烧种、烧根、烧苗、烧叶等现象，同时造成浪费。根据果菜类型和品种的不同，确定施用不同化肥。

3. 配合多种微量元素推广叶面追肥

配合多种微量元素叶面追肥方便简单，省工省时省事，养分全面、吸收快，见效快。多种营养元素配合施用，缺什么施什么，有些肥料可以与中性农药混合使用，起到防虫治病同时施肥的多种效应。

4. 提倡结合深翻施基肥

由于棚室土壤盐分多积聚在土壤表层，使表土板结或形成硬盖。结合深翻施基肥，使土肥充分混合，上下土层混合，把板结土表粉碎并翻到下层，可以大大减轻表土板结和盐害。

第二节　配方肥增效剂

一、配方肥增效剂的概念与特点

对传统肥料（常规肥料）进行再加工，使其营养功能得到提高或使之具有新的特性和功能，是新型肥料研究的重要内容。对传统化肥进行增效改性的主要技术途径包括：一是缓释法增效改性。通过发展缓释肥料，调控肥料养分在土壤中的释放过程，最大限度地使土壤的供肥性与作物需肥规律相一致，从而提高肥料的利用率。缓释法增效改性的肥料产品通常称作缓释肥料。二是稳定法增效改性。通过添加脲酶抑制剂或/和硝化抑制剂，以降低土壤脲酶和硝化细菌活性，减缓尿素在土壤中的转化速度，从而减少挥发、淋洗等损失，提高氮肥的利用率。稳定法增效改性的肥料产品通常称作稳定性肥料。三是增效剂法增效改性。专指在肥料生产过程中加入生物活性物质类肥料增效剂，如海藻酸类、腐殖酸类和氨基酸类等天然活性物质所生产的肥料改性增效产品。海藻酸类、腐殖酸类和氨基酸类等增效剂都是天然物质或是植物源的，可以提高肥料利用率，且环保安全。通过增效剂改性的尿素通常称增值尿素。通过向肥料中添加生物活性物质类肥料增效剂所生产的改性增效产品通常称为增值肥料。四是有机物料与化学肥料复合（混）优化化肥养分高效利用。生产厂家生产的肥料产品多为无机有机复混肥或有机质型（碳基）复混肥料。

世界上许多国家都在通过开发植物源的肥料增效剂用于对尿素产品进行改性增效。日本的丸红公司、美国第二大农化服务公司 HELENA 等都拥有自己独立技术的肥料增效剂，多达上百种；欧洲于 2011 年成立了生物刺激素产业联盟，促进了肥料增效剂在农业中的应用。近几年，我国像海藻酸尿素、锌腐酸尿素、SOD 尿素、聚能网尿素等增值尿素产品发展速度也很快。

以尿素改性类肥料为例，增效剂的增效原理包括以下几个方面：一是改性尿素添加剂是采用反渗透萃取营养技术，从多种天然绿色植物中提取到的一种可溶性的功能性小分子活性物质，它含有丰富的有机质、有机态氮等多种营养物质。二是改性尿素添加剂结合尿素施入土壤后，为微生物提供了有效的培养基，使微生物大量繁殖，并分泌出多种活性酶，其中的脲酶可有效促使尿素分解，供农作物吸收，从而提高尿素的利用率。三是从改性尿素添加剂分子结构上看，它含有多种活性基团，如羧基（$-COOH$）、氨基（$-NH_2$）等，化学性质均很活泼，能结合土壤中多种微量元素使其溶解，供农作物有效吸收、生长。四是改性尿素添加剂分子结构上的活性基团能使土壤中的酸碱性稳定，使 pH 维持在 6～7，促使氮、磷、钾及多种微量元素更容易被农作物吸收，使微生物在一个良好的空间中繁殖生长；由于微量元素易被农作物吸收，故农作物中的多种活性酶更易激活，从而提高活性，加速了养分的运转吸收，使农作物茁壮生长。

二、增效剂的种类、作用及增值肥料的发展

1. 增效剂的种类

（1）海藻酸。海藻酸增效剂是从海带、马尾藻、巨藻、泡叶藻等海藻类植物中经提取加工制成的海藻酸增效液，该产品主要用作肥料增效剂，也可作为冲施肥、叶面肥的原料，不同原料、提取方法制取的海藻酸性能差异很大。

海藻酸增效剂是以海藻为主要原料，利用微生物发酵的方法制备小分子的发酵海藻酸增效剂。发酵海藻酸增效剂中含有的海藻酸、吲哚乙酸、赤霉素、萘乙酸等有机物质和生理活性物质，可促进作物根系生长，提高根系活力，增强作物吸收养分的能力；可抑制土壤脲酶活性，降低氮肥氨挥发损失；发酵海藻酸增效液中的物质与氮肥发生反应，通过氢键等作用力延缓氮肥在土壤中的释放和转化过程。海藻酸尿素可以起到抗旱、抗盐碱渗透、耐寒、杀菌和提高农产品品质的作用。

（2）腐殖酸。腐殖酸广泛存在于自然界中，按来源分为土壤腐殖质和煤炭腐殖酸。土壤腐殖质与生俱来，主要是土壤中动植物遗体在微生物作用下腐化形成的一类高分子有机化合物。煤炭腐殖酸是微生物对植物分解和转换后又经过长期地质化学作用而形成的一类高分子有机化合物。它大量地存在于风化煤、褐煤、泥炭中。由腐殖酸制成的肥料具有增加土壤有机质和无机养分含量、提高化肥利用率以及提高作物产量、改善作物品质等作用。

腐殖酸具有以下几点理化性质：

①溶解性。腐殖酸能或多或少溶解在酸、碱、盐、水和一些有机溶剂中，因而可用这些物质作为腐殖酸的抽提剂。

②胶体性。腐殖酸是一种亲水胶体，低浓度时是真溶液，没有黏度，高浓度时则是一种胶体溶液，或称分散体系，呈现胶体性质。当加入酸类或高浓度盐类溶液时可产生凝聚，一般使用稀盐酸或稀硫酸，保持溶液 pH 在 3～4 时，此溶液经静止后就能很快析出絮状沉淀。

③酸性。腐殖酸分子结构中有羧基和酚羟基等基团，使其具有弱酸性，所以腐殖酸可与碳酸盐、醋酸盐等进行定量反应。腐殖酸与其盐类组成的缓冲溶液可以调节土壤酸碱度，使农作物在适宜酸碱条件下生长。

④离子交换性。腐殖酸分子上的一些官能团如羧基（$-COOH$）上的 H^+ 可以被 Na^+、K^+、NH_4^+ 等金属离子置换出来而生成弱酸盐，所以具有较高的离子交换容量。

⑤络合与螯合性能。由于腐殖酸含有大量的官能团，可与一些金属离子（AL^{3+}、Fe^{2+}、Ca^{2+}、Cu^{2+}、Cr^{3+}等）形成络合物或螯合物。

⑥生理活性。腐殖酸还具有很好的生物活性，具有促使活的生物体在生理上起反应的能力，腐殖酸直接生物活性表现为腐殖酸对植物生长的影响，如促进植物根系活力、增进植物体内有益元素的积累与转化、促进呼吸作用和酶活性、提高抗逆能力等。间接生物活性指腐殖酸通过土壤介质对植物生长的影响，如改良土壤物理性质、增进肥效、对金属离子的络合、减少磷固定、对土壤盐的缓冲等。腐殖酸具有生物活性的机理主要归结为腐殖酸本身的氧化—还原性、对植物酶和生长素的影响、提高细胞透性促进营养吸收、与其共生的某

些物质本身就是激素或类激素等方面。

(3) 氨基酸。氨基酸的原料资源广泛，畜禽屠宰场下脚料（废弃的碎肉、皮、毛、蹄角、血液等），制革厂的碎皮下脚料、毛发渣，油脂加工的饼粕，海产品加工含蛋白的下脚料，味精厂的废液，淀粉厂的蛋白粉，绿肥作物的紫云英、沙打旺、毛叶苕子等。含粗蛋白在20%以上的物料，均可作为氨基酸的生产原料。

氨基酸在作物生长中具有以下作用：氨基酸是作物有机氮养分的补充来源，构成和修补作物体组织；氨基酸具有螯合金属离子的作用，容易将作物所需的中量元素和微量元素（钙、镁、铁、锰、铜、钼等）带到植物体内，提高作物对各种养分的利用率；氨基酸有内源激素的作用，可调节作物生长；氨基酸是作物体内合成各种酶的促进剂和催化剂，对作物新陈代谢、促进作物生长起着重要作用；氨基酸能增强作物光合作用；氨基酸分子中同时含有氨基和羧基，能调节作物体内酸碱平衡；氨基酸是生理活性物质，具有极其重要的生理功能，可增强作物的抗逆性能。

2. 增效剂的作用

肥料增效剂可改善产品品质，由于营养成分完全，能有效解决“瓜果不甜、菜不嫩”等问题，同时延长保质期。化肥增效剂还可促使种子早萌发，产品早上市，可使衰老或受伤根系恢复生根，提高移栽成活率，特别对根腐病、重茬有相当好的抑制和改善作用。

肥料增效剂含有丰富且高价值活性菌，具有固氮、解磷、释钾功能。肥料增效剂是肥料行业的新生事物，跟高塔造粒、缓/控释肥等新型肥料一样，也是为了顺应国家提高肥料利用率、发展现代农业的要求应运而生的。据了解，肥料增效剂是以农作物必需的中量、微量元素为主，配合脲酶抑制剂、氨稳定剂，再辅以生物菌剂、杀虫剂、植物生产促进剂配制而成的。微生物有机肥料增效剂与各种有机肥、农家肥等配施，可显著提高肥料的利用率，满足作物各生育期养分的需求，从根本上改善土壤环境，是最佳的肥料增效产品。

此外，肥料增效剂还可促进有益微生物繁殖，产生丰富的代谢产物等活性物质，强力促生根，形成保护膜，保水保肥，增强植物根系吸收能力，茎粗、苗壮，从根本上提高产量，微生物有机肥料增效剂通过微量元素、脲酶抑制剂、生物菌剂等的协同作用能全面提高氮、磷、钾肥利用率20%左右，延长氮肥肥效90～120天。肥料增效剂能均衡提供农作物生长所需的多种营养，大幅提高农产品产量，蔬菜一般可增产30%～80%。

3. 增值肥料的发展

增值肥料是增效肥料的一种，专指肥料生产过程中加入海藻酸类、腐殖酸类和氨基酸类等天然活性物质所生产的肥料改性增效产品。增值肥料发展的主要技术特点：增效剂微量高效，添加量多在0.3‰～3‰；肥料养分含量基本不受影响，如增值尿素含氮量不低于46%；增效明显，添加的增效剂具有常规的可检测性；增效剂为植物源天然物质及其提取物，对环境、作物和人体无害；工艺简单，成本低。增值肥料主要通过促进作物根系生长与活力，提高氮肥稳定性和转化及运移模式，减少氨挥发和淋洗损失；减少土壤对磷、钾肥的固定，提高其有效性和供应强度等，从而改善作物对肥料的吸收利用，提高肥料利用率。

中国农业科学院农业资源与农业区划研究所新型肥料创新团队研制出发酵海藻液、锌腐酸、禾谷素等系列肥料增效剂，开发了海藻酸尿素、锌腐酸尿素和禾谷素尿素等增值尿素新产品，以及相应的增值复合肥、增值磷铵等新产品。在中国氮肥工业协会的指导下，2012年成立"化肥增值产业技术创新联盟"，推动我国传统化肥增值改性。我国利用氨基酸、腐殖酸、海藻酸等改性的增值尿素、复合肥、磷铵等年产量超过300万吨，推广面积1.5亿亩，增产粮食45亿千克，减少尿素损失超过60万吨，农民增收80多亿元。增值肥料为农业增产、农民增收、环境保护和促进我国肥料产品性能升级做出了贡献。

氮肥因其活性强，损失途径多，加上未被利用的氮肥又不易在土壤中存留而被下一季作物接着利用，所以氮肥的利用率比较低，我国大田作物的氮肥利用率大约只有30%。因此，氮肥的改性增效将成为我国新型肥料研究的重要方向。在我国氮肥品种中，尿素是最主要的类型，占到单质氮肥的90%，因此，尿素改性增效应是氮肥改性增效的重点。

三、增值肥料的类型与施用

1. 腐殖酸类肥料

腐殖酸类肥料是一种含有腐殖酸类物质的新型肥料，也是一种多功能的肥料。腐殖酸类肥料简称"腐肥"，由于它是黑色的，因此，群众把它称为"黑化肥"或"黑肥"。这类肥料以泥炭等富含腐殖酸的物质为主要原材料掺和其他有机—无机肥配制而成，品种繁多，它包括现在各地制造和使用的含腐殖酸尿素、含腐殖酸水溶肥、硝基腐殖酸铵、腐殖酸铵、腐殖酸磷、腐殖酸钾、腐殖酸氮磷、腐殖酸氮磷钾、腐殖酸铜、黄腐酸以及做刺激剂的腐殖酸钠、做土壤改良剂的腐殖酸钙、镁等，这些统称为腐殖酸类肥料。

腐殖酸类肥料具有改良土壤、增进肥效、刺激植物生长、增强植物抗逆性以及改善产品品质的作用。应用效果具体如下：以腐殖酸为载体的肥料是一种多功能有机肥料，施入土壤中后能够改良土壤，提高土壤的保肥供肥能力，加强土壤微生物的活性，活化土壤养分，使氮、磷、钾等营养缓慢释放，减少营养元素的固定和流失；与单纯化肥相比，腐殖酸肥料能够增加和活化土壤中的微量元素，促进作物对微量元素的吸收，对微量元素缺乏症状有很好的改善作用；腐殖酸肥料能够提高作物的抗逆性，尤其以抗旱作用明显，腐殖酸类物质可缩小叶面气孔的开张度，减少水分蒸发，使土壤保持较多的水分，促进根系发育，提高根系活力，使根系吸收较多的水分和养分；腐殖酸类肥料是一种植物生长调节剂，刺激植物生长，可增强植株体内氧化酶活性及其他代谢活动，还可以降解农药残留毒性，减少环境污染；腐殖酸类肥料在果菜方面的应用，除了增产幅度高以外，还可提高果菜的糖分和维生素C的含量，改善农产品品质。

腐殖酸类肥料施用时应注意以下几点：各类腐殖酸肥物料投入比不同，制造方法不同，养分含量差异很大，在施用时需适当掌握，浓度低达不到预期效果，浓度高起抑制作用，要在试验的基础上使用；腐殖酸肥不能完全替代无机肥和有机肥，必须与有机肥、化肥配合施用，尤其与磷肥配合施用效果更好；钙、镁等含量高的原料煤，不宜作腐磷肥料，防止磷被固定。腐铵肥料只有土壤水分充足、灌溉条件好的地方才能充分发挥肥效。腐殖酸钾、钠为激素类肥料，一般土壤温度在18℃以下施用，温度过高会加速作物的呼吸作用，降低干物质积累，造成减产，此外，其溶液碱性很强，需稀释后调节其pH至7～8；腐殖酸系列有机复合肥，各品种间的养分功能、改土功能和刺激功能的差异很大，互相间不能代替，施用时要根据达到的目的选择使用。

2. 氨基酸类肥料

氨基酸类肥料是利用动物毛、皮、蹄角、人类毛发渣和农、副、渔业含蛋白质的下脚料等，经水解或微生物发酵生成混合氨基酸，再与中量、微量元素等无机养分螯（络）合或混合而成的肥料。如禾谷素尿素、聚氨酸尿素、聚氨酸复合肥、聚氨酸磷肥、聚氨酸钾肥、含氨基酸水溶肥等。经过多年在我国南方和北方各类作物上的应用，其生态效益、经济效益和社会效益都很显著，是很好的新型肥料。

氨基酸类肥料具有以下几项优点：

（1）肥效好。据研究，多种氨基酸混合，其肥效高于等氮量的单种氨基酸，也高于等氮量的无机氮肥，大量氨基酸以其叠加效应提高了养分的利用率。

（2）肥效快。氨基酸肥料中的氨基酸可被作物的各个器官直接吸收（化肥、有机肥需降解，在光合作用下被动吸收或渗透吸收），使用后期即可观察到明显效果，同时可促进作物早熟，缩短生长周期。

（3）改善农产品品质。氨基酸类肥料主要是氨基酸和配合肥料以及氨基酸络合物等，有机物占一定比例，因而可以提高农作物品质。如茄果类果实大、色好、糖分增加、口感更好、耐贮性好；改善生态环境，氨基酸类肥料无残留，能够改善土壤理化性状，提高保水保肥能力和透气性能，进而起到养护、改良土壤的作用。

（4）代谢功能增强，抗逆能力提高。氨基酸类肥料可强化作物生理生化功能，使茎秆粗壮，叶片增厚，叶面积扩大，叶绿素增多，功能期延长。叶的光合作用提高，干物质形成和积累加快，作物能够提早成熟。也由于作物自身活力增强，抗寒、抗旱、抗干热风、抗病虫害、抗倒伏性能提高，从而实现稳产高产。

（5）可与多种营养元素和多种农药混合施用。

3. 海藻类肥料

海藻肥是采用国际领先的生化酶工程萃取工艺等新技术，从海洋藻类中提取的活性成分，能够促进作物生长，增加产量，减少病虫害，并增强作物抗寒、抗旱能力的一类天然农用有机肥料，其产品涵盖叶面肥、基施肥、冲施肥、有机—无机复混肥等多个类型。海藻肥含有大量的非含氮有机物，有钾、钠、钙、镁、锰、铁、锌、硼、铜等多种矿物质和丰富的维生素，所特有的海藻低聚糖、甘露醇、海藻酶、甜菜碱、藻阮酸、高度不饱和脂肪酸，完整保留下有益特殊菌株在发酵繁殖过程中分泌的促进作物生长的各种天然激素，可提高根系吸收养分能力，促进作物生长发育，保花保果。海藻肥可与植物—土壤生态系统和谐地起作用，直接使土壤或通过植物使土壤增加有机质，激活土壤中的各种微生物，激活的微生物能充分分解利用土壤中残留的氮、磷、钾等养分，提高有机肥的利用率，并将有机物中的蛋白质、脂肪、核酸及多糖类分解成植物生长所需的天然氨基酸、脂肪酸、核糖酸、核苷酸与葡萄糖，为植物提供更多的养分。同时海藻多糖及腐殖酸等形成的螯合系统可以使营养缓慢释放，延长肥效。

海藻酸尿素是在尿素的生产过程中，经过一定工艺向尿素中加入海藻液，使尿素含有一定数量的海藻酸。用发酵法制取的海藻酸尿素，可以抑制脲酶的分解，能使尿素的利用率和肥效期得到延长，且极大程度保留了植物生长素、赤霉素、细胞分裂素、多酚化合物及抗生素类等天然生物活性成分，可促进农作物协调地生长发育，提高其生命活力和对病虫、旱涝、低温等的抗逆性，对人畜无害，对环境无污染，是天然、高效、新型的绿色有机肥。

第三节　生根菌肥

土壤是一个活的生态系统，在土壤当中有不同的生物，在 1 克根际土壤中有高达 100 亿个细菌，属 33 000 个种。土壤微生物学是研究土壤中的微生物种群、功能，以及它们如何影响土壤性质的学科。微生物可分为原生动物、微生物和放线菌。每一个类群都有自己的特点，决定了它们在土壤中的作用、对土壤结构和肥力的影响及对作物根系吸收养分的作用。丛枝菌根是由球囊菌门真菌和植物形成的共生体，丛枝菌根真菌能够与80%的陆地植物，包括大多数农作物和园艺作物建立共生关系（Kowalska et al.，2015）。宿主植物将光合作用产物（碳）传递给真菌，作为交换，菌根将吸收的氮、磷等矿质营养素传递给植物（Koegel，2013）。在植物根系之外，菌根真菌会延伸出大量根外菌丝，与植物连接在一起，扩展了根系吸收区，从而使养分可以从土壤转移到植物中（Smith and Read，2008）。菌根真菌与植物根系共生结合促进植物生长，并通过增强对有效磷及植物生长必需的其他矿物质养分的吸收来提高产量。菌根真菌分布于各种类型的土壤中，如北极冰原、热带雨林、潮湿湿地、干燥沙漠（Trappe，1987）。每个菌根真菌群落在遗传上是独立的，同一菌株的不同生态型对植物生长的影响也有差异。优势菌株能在当地生态条件下与多数宿主植物建立良好共生关系并发挥促生效应。

一、微生物促进植物生长、养分吸收

番茄接种菌根真菌能显著提高地上部干物质含量、果实鲜重、磷含量，增加开花数、果实数和商品果实数（Conversa et al.，2013）。菌根真菌提高番茄对磷、钾、镁、硫、铁、铜、钼和硼的吸收（Bhale，2018）。番茄前期产量可提高37%和70%（Nzanza et al.，2012）。菌根真菌还可提高番茄耐盐性，有研究发现在0.6%和1%NaCl处理下，菌根真菌可显著增加番茄叶片的叶绿素a和叶绿素b的含量，总叶绿素含量增加了23.39%，并提高了叶片净光合速率和气孔导度、叶片光合速率（范燕山，2008）。菌根真菌提高了宿主植株的总根面积、总根体积、根尖数量、根系分枝程度。在盐胁迫下，接种菌根真菌番茄根系干物质量显著高于未接种处理的（Balliu et al.，2015）。促进植物生长的根际益生菌是天然存在的有益细菌，定殖于植物的根部，促进植物生长和植物病原体的生物防治（Kloepper et al.，2004）。

益生菌与寄主植物结合生长时，会刺激其宿主植物的生长。在许多根际关系中，益生菌实际上会附着在植物表面。许多益生菌，例如恶臭假单胞菌GR12-2（Jacobson et al.，1994）、枯草芽孢杆菌A13（Turner and Backman，1991）、地衣芽孢杆菌CECT5106（Probanza et al.，2002）、短小芽孢杆菌CECT5105（Probanza et al.，2002）和其他如荧光假单胞菌Pf-5、荧光假单胞菌2-79、荧光假单胞菌CHA0（Wang et al.，2000）等已被鉴定为根际促生细菌，特别是各种假单胞菌和芽孢杆菌多发现于各种豆科植物的根际，并可抑制植物病原体（Parmar and Dadarwal，2000）。

生根菌是从土壤中筛选出的高效天然菌株的复合微生物菌剂。作用原理为刺激根系生长、根系修复和提高植物抗逆性。生根菌在植株根际减少植株病害的影响，包括分泌抗生素、诱导系统抗性、竞争营养物和生态位。根际益生菌代谢产生有机酸，有助于溶解难溶矿物质，增加植物对磷及其他矿质元素的吸收；分泌的天然生长刺激素（如吲哚乙酸、赤霉素等）可促进植物生长。根际益生菌与植物形成互生关系，相互作用、相互促进。

运用微生物菌肥可以有效提高土壤磷的利用效率。有利于保持土壤植被，避免水土流失、板结、盐渍化和其他形式的土地退化。生根菌可以提高番茄根系生物量30%左右，总根长增加30%～50%；氮素吸收增加24%～39%，磷吸收增加25%～36%。增产6%～12%，每亩增产300～600千克，增收1 200～2 400元/亩。试验结果见图9-1、图9-2、图9-3。

图9-1 苗期试验结果

注：左侧为添加生根菌，右侧为对照效果

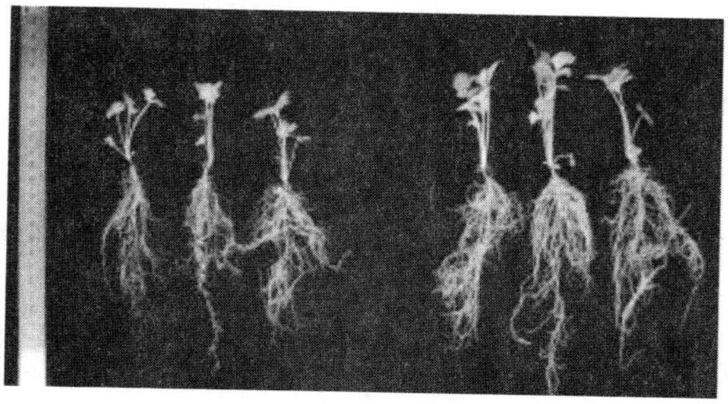

图9-2 苗期试验效果（对照图）

图 9-3　苗期试验效果（添加生根菌）

二、生根菌适用范围

生根菌对番茄、黄瓜、辣椒整个生育期有效。番茄、辣椒生长环境温度为15～30℃，黄瓜生长温度为15～35℃，土壤相对含水量65%～75%有效。生根菌可提高植株耐旱性，但过分高温、干旱，或者低温、过度遮阳及雾霾下效果不显著，病害发生严重效果不能显现。

育苗施用方法：1千克菌剂可以用于1 000～2 000株幼苗。50升基质与1千克菌剂混合均匀，或者撒施在苗盘表面，每一苗盘用菌剂50克左右。整个生育期施用1次，整个苗期有效。在定植前沟施或者穴施生根菌，每亩5～8千克，施在幼苗根部附近；撒施10～15千克/亩，与土壤混合即可。

第四节　抗叶面真菌病害菌剂

微生物防治技术已经在逐步普及，生物防治菌剂的预防效果很好，已被农业生产实践广泛接受，特别是淡紫拟青霉对根结线虫的防治作用和木霉菌对土传有害真菌的防治作用非常显著。根际促生微生物，包括细菌和真菌，在植物根际的定殖和扩展过程，利用植物根系分泌物形成根际环境微生物种群的优化(Selvaraj，2008)。木霉属（*Trichoderma* spp.）和假单孢杆菌（*Pseudomonas* sp.）还可以作为生物肥料促进植物生长和生物防控剂，提高植物的抗病性和抗逆性（Adekunle et al.，2001；Leeman et al.，1996）。几种益生菌联合使用也可以对植物生长促进和生物防治具有协同效应，例如在番茄和辣椒植物中，芽孢杆菌属、假单胞菌属和克氏杆菌属的联合作用效果显著（Domenech et al.，2006；李瑶瑶，2018）。

益生菌包括固氮螺菌属、芽孢杆菌属、假单胞菌属、木霉属在内，已发现其对植物生长可发挥有益作用。益生菌生态效应间接机制包括分泌抗病原菌的抗生素，分泌氰化氢，合成真菌细胞壁裂解酶（Glick and Bashan，1997），减少植物病原体可利用铁，与有害微生物竞争植物生存空间。促进植物可利用磷的转化，为植物固定氮素，分泌植物激素（如生长素、细胞分裂素和赤霉素），以及降低植物乙烯含量（Glick et al.，1999；李瑶瑶，2018）。

枯草芽孢杆菌应用于早春番茄生产中，可以促进植株对养分的吸收利用，促进生长发育，提高了番茄植株的抗逆性和抗病性，促进了幼苗在定植初期可以快速地适应新的生长环境，有利于番茄提早上市，提高产量（于振良等，2014）。枯草芽孢杆菌菌株 RMB-034 可以防治由尖孢镰刀菌引起的枯萎病。益生菌可通过抑制引起植物致病的病原体来促进生长，主要通过与病原体竞争空间、营养物和生态位，分泌抗菌物质或通过分泌充当生物刺激剂的植物激素和多肽抑制植物病原体生长（Glick et al.，1998；Johnsson et al.，1998；李瑶瑶，2018）。

木霉菌可促进蔬菜黄瓜、莴苣幼苗的生长和发育（Rabeendran et al.，2000），可显著地提高黄瓜、甜椒和草莓植株的产量（Poldma et al.，2001）。也可杀死植物病原体，促进植物生长和提高生物和非生物胁迫的抗性（Verma et al.，2007）。真菌通过拮抗、重寄生和竞争等机制进行互作（Elad，2000）。益生菌也可诱导系统抗性，保护植物抵抗土壤或叶面病原体。益生菌提供对线虫的抑制保护，例如假单胞菌可以显著地减少线虫虫卵和抑制线虫繁殖（Siddiqui et al.，2001；李瑶瑶，2018）。

茎叶真菌病害是由真菌病原菌引起的植物病害，危害叶面、茎、果实，严重时可造成大量减产。通常发病后，叶面可见霉层。一旦发病病原菌已经侵入叶肉，较难防治。微生物叶面保护剂可预防病害主要有：霜霉病、灰霉病、炭疽病、黑霉病、白粉病、锈病、早疫病、晚疫病、叶霉病、青枯病、黑心病、菌核病、枯萎病、褐斑病等，属天然菌剂，可在有机农业生产中应用。

微生物叶面保护剂使用方法：幼苗期开始使用，间隔 3～4 周一次，稀释 1 000～1 200 倍液喷雾，可以与杀虫剂和叶面肥混合使用。本剂不能与杀菌剂同时使用，但可以在喷施杀菌剂后 5～7 天使用，整个生育期连续使用可免除地上部病害。叶面微生物保护剂试验效果见图 9-4、图 9-5，平板对峙效果见图 9-6。

图 9-4　叶面微生物保护剂试验效果 1

图 9-5　叶面微生物保护剂试验效果 2

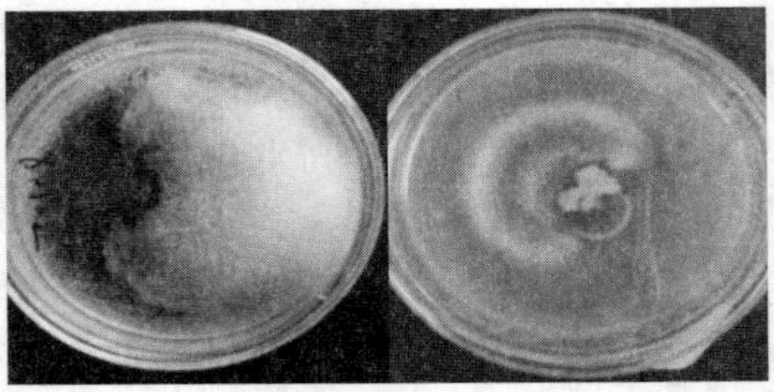

图 9-6　平板对峙效果

CHAPTER 10
第十章

病虫害防控

第一节　土壤消毒秸秆还田一体机

随着设施农业的发展和集约化种植，加之追求高产，长年大量施用化肥和农药，造成土壤有机质下降、土壤板结、土传病害发生严重。北京市果类蔬菜创新团队病虫害防控岗位专家团队研发了土壤消毒秸秆还田一体机，具有秸秆还田、深耕、碎土、施药一体化功能。该机械经在北京、山东、山西、河北、安徽、上海、重庆、河南、云南、辽宁、黑龙江等地使用表现良好，受到农户的喜爱。

一、研发背景

现代设施农业对种植业的发展有严格要求，由于种植业的数量和分布范围的限制，城市地区的种植业不能直接采用堆肥的方式进行土壤有机质补充，因而作物种植主要依赖于施用商品化的化肥或少量的有机肥。长期大量施用化肥造成土壤板块，并且有机质含量不断下降，影响农业可持续发展。

由于长期种植高附加值作物和连茬种植使土传病害发生越来越重。为了解决不断加剧的土传病害问题，通常主要依赖于大剂量农药的灌根，而传统接触性农药防治土传病害效果不理想，还造成农药残留、地下水污染等问题。

在作物种植前采用熏蒸剂进行土壤消毒，具有良好预防土传病害发生的效果。熏蒸剂棉隆具有低毒、高效、无残留的特点，棉隆遇水生成异硫氰酸甲酯（MITC），MITC是一种气体，在土壤中可移动，对多种真菌、细菌、根结线虫、地下害虫、螨类、杂草均有良好的效果。传统施用棉隆的方法是通过手撒，然后用旋耕机将棉隆混入土中。但手撒施药不均匀，经常施药多的地方易出现药害，施药少的地方不能有效杀灭土传病原菌，因而效果不稳定。再者传统的旋耕机旋耕土壤深度有限，加之土壤板结不能将棉隆药剂放入深层土壤中。

针对上述生产需求，果菜团队病虫害防控岗位专家团队研发了土壤消毒秸秆还田一体机，很好地解决了秸秆还田、深耕、碎土和熏蒸剂均匀施药的难题。

土壤消毒秸秆还田一体化具有下列特点：

（1）解决颗粒型、微粒型农药施药的均匀性。

（2）精准施药，解决固态药物穿透性和分布性，保证不同土层的药效。

（3）保证作业人员的安全。

（4）作物秸秆直接粉碎腐熟还田。

（5）一次作业可以同时完成土壤深松、秸秆还田、埋青整平、精准施药、土壤消毒等功能。

二、技术参数

团队研发了适于棉隆等固体微粒型药剂应用的 3SJG－135 型、3SJG－L135 型、3SJG－L180 型系列自走式精细旋耕施药机。设备的应用大幅提高了药剂在土壤中的分布性和对深层土壤中病原菌的防控效果。

土壤施药机作业后，95%以上土壤颗粒粒径小于 2 厘米，设备最大耕深可达 25 厘米，加上虚土层可达 40 厘米，土壤表面平整度不超过±7 厘米。

机械施药后，药剂可均匀分布于 0～40 厘米的土壤中，分布性的相关标准偏差为 13.7%，对深层土壤中病原菌的防效达到 90%以上。

传统手撒施药模式下，因旋耕机翻土深度受限及混土不均问题，棉隆主要集中在 0～20 厘米深度土层，20～40 厘米几乎没有药剂，从而导致 20～40 厘米深度土层中病原菌防控效果不理想。

土壤消毒秸秆还田一体机采用全封闭药箱和尾轮驱动、偏心旋耕轴设计，结合高速反转的合金专用刀具和双侧液压油缸，保障了施药量的精确性，其作业深度可达 30～40 厘米，粉碎后 95%的土壤颗粒粒径小于 2 厘米，作业效率可达 20～30 亩/日。

相关技术参数如下：

（1）最大行走速度为 520 米/小时，施药量为 20～70 千克/小时。

（2）经粉碎后，85%的土壤颗粒直径小于 1 厘米，混合均匀度变异系数小于 17%。

（3）在单位面积施用药物量固定的情况下，在旋耕深度保持不变时（例如 30 厘米），施药混匀机行进速度的快慢不影响每平方米的施药量，并且在处理后的每层土层（0～10 厘米、10～20 厘米、20～30 厘米）中药剂含量无显著性差异。

（4）在单位面积施用药物量固定的情况下，机器行进速度保持不变时，处理后的土层中药粉含量与旋耕深度呈负相关，表明在药剂一定量的情况下，混合土壤越多，混合后其中药剂的含量越低。

三、工作原理

采用滚筒旋耕使土壤翻起细化，高速运动的土壤颗粒在封闭箱内与从药斗箱内均匀施撒的药粉进行充分混合，随后土壤与药粉的混合物再回落到原地，由地滚轮整平土壤。

土壤消毒秸秆还田一体机集成精准施药和旋耕混合作业，可精准、高效且均匀地完成棉隆等固体微粒型药剂土壤深层消毒作业。设备由药剂储存施撒单元、机械控制单元和旋耕混合单元组成（图 10－1）。该设备的旋耕系统，通过超深旋耕保证了作物根系生长的全部区域充分被杀虫灭菌；通过精细旋耕保证了药剂直达土壤颗粒内部，提高了药效，提高了病虫害的灭杀率；利用刀辊上的旋耕刀在高速旋转的情况下将土地翻起细化并抛起，同时施药装置向下施药，在封闭箱内土与药混合后下落，并且利用拖板整平作业后的地面。这种模式不仅能大大加深旋耕深度，还能使药物和土壤充分混合。设备实现了全程密闭施药，保证了作业人员的安全；设备的作业效率可达 20～30 亩/日，满足国内不同种植条件下露地施药、设施大棚施药等要求（图 10－2）。

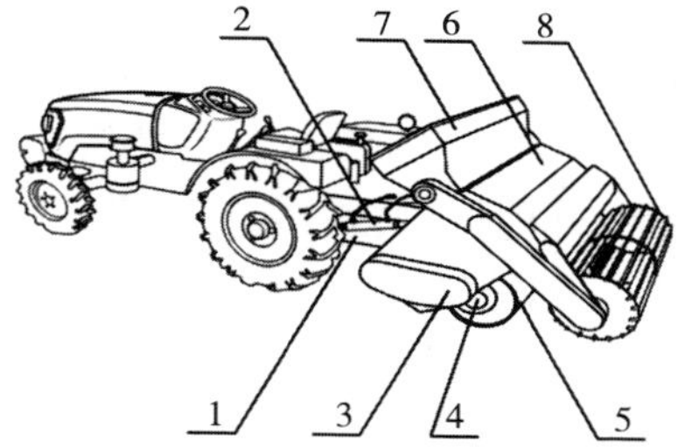

图 10－1　土壤消毒秸秆还田一体机构造图

1. 分动箱部件　2. 液压转臂部件　3. 链轮盒部件　4. 减速器部件　5. 刀辊部件
6. 盖板部件　7. 施药箱部件　8. 地轮部件

四、适用作物

土壤消毒秸秆还田一体机已在番茄、黄瓜、茄子、辣椒、草莓、甜瓜、生姜、烟草、花卉、中药材等作物上使用，均表现出良好的除草、防病、增产效果，显著降低病虫草的危害和生长期施药农药的次数。

图 10-2 土壤消毒秸秆还田一体机工作场景

五、成本及效益

棉隆用量一般为 20～40 千克/亩，机械操作成本一般为 100 元/亩，综合成本约 1 200～1 500 元/亩。

施用棉隆土壤消毒后，可有效杀灭土壤中的有害生物，作物在洁净的环境中通常会生长更加健壮，生长期也很少有病虫草害的发生，减少了除草和防治病虫害的用工。由于受病虫害的危害减少，作物的品质更高，很大程度上避免了在作物生长期使用接触性农药而带来的农药残留问题。

由于深耕和打破土壤板结，作物根系在疏松的土壤中生长，根系更加发达；而深土层的微量元素和其他作物营养也更加均匀分布于作物的根际区域，作物生长繁茂，通常增产 50%～100%。

土壤消毒秸秆还田一体机具有秸秆还田的功能，提高了土壤有机质，有利于作物生长和减少土传病害的发生。

此外，棉隆消毒后，也在一定程度上抑制了土壤氮素的硝化作用，提高了肥料的利用率，可以减少氮肥的使用。

因此，秸秆还田土壤消毒一体机的应用，一次作业可以同时完成土壤深松、秸秆还田、埋青整平、精准施药、土壤消毒等功能，具有显著的经济效益、生态效益和环境效益。

六、技术先进性

自走式精细旋耕施药机解决了传统施药作业过程中的土壤旋耕作业层浅、药剂和土壤混合不均匀、药效发挥差、土壤消毒不彻底等问题，并且具有秸秆还田、深耕、碎土、施药一体化功能，在国内外市场上未见相关产品的报道。

土壤消毒秸秆还田一体机属国内外首创，获得1项国家发明专利、1项实用新型专利，并主导制定了国家行业标准。

土壤消毒秸秆还田一体机参与我国农业行业淘汰甲基溴项目的示范，同时也是“十三五”国家重点研发计划“种子、种苗与土壤处理技术及配套装备研发（2017YFD0201600）”项目的标志性成果之一。

七、注意事项

施药前应确保土壤湿润，如土壤过干，应提前3～5天将土壤浇水并湿透。让杂草种子和病原菌由休眠的状况变为活的萌发状态，以利药剂杀死。

当土壤相对湿度为65%左右时，进行旋耕施药。施药后，及时覆盖0.04毫米的原生塑料薄膜。覆盖3～4周后，于种植前2～3周揭膜敞气，通过药害测试后即可栽种下茬作物。

土壤消毒后，应保证采用清洁的种苗，避免浇水、农事操作中将病原菌再次传入。

土壤消毒后添加腐殖酸钾、木霉、枯草芽孢杆菌等有益生物，可延长土壤消毒的效果，并取得更好的经济效益。

第二节　高效常温烟雾施药机

一、设备简介

JT 3YCB1200D－Ⅲ背负式高效常温烟雾施药机（201510157443.6）是在获国家新产品证书（2003ED600026）的“小型常温烟雾机”、BT2008－Ⅳ型、BT2010－Ⅰ型自控臭氧消毒常温烟雾施药机（已获6项专利）基础上经10多年优化改进而成的第六代新型专利产品，具有节药、节水、高效、简便等优点，是目前我国设施园艺更新换代最理想的施药机具，可望在我国设施园艺生产中充分发挥作用。

本产品克服了传统的背负式手动喷雾器雾滴大、效率低、施药强度高、农药流失严重、农药利用率低、防治效果差以及大型常温烟雾机因笨重无法在小型棚室使用等缺陷，是针对设施园艺防治病虫害而开发的通用型现代化高效施药器械（图10－3）。其由移动线缆拖车和背负式高效常温烟雾施药机两部分组成，由电能驱动雾化器产生高速气流与特殊喷嘴结构形成高速流体涡流场，极大地提高了药液在常温下的雾化效果，在涡流场内药液被雾化成平均直径为50微米左右的常温烟雾雾滴。药液雾滴在高速气流的作用下在密闭棚室内均匀扩散、悬浮，形成均匀的药剂沉积。

JT 3YCB1200D—Ⅲ背负式高效常温烟雾施药机雾化效果好、雾滴大小均匀、喷雾距离远，较普通背负式喷雾器能提高农药利用率25%以上，节省农药用量30%以上，节水80%以上，减少施药用工成本70%以上，且直接使用交流电源，操作轻便、灵活，能够显著降低施药强度，提高施药效率，减少防治次数，可广泛用于设施园艺病虫防治、食用菌消毒、增湿和仓储、养殖场等场所的防疫消毒。

图10-3　背负式高效常温烟雾施药机

二、应用范围

高效常温烟雾机可在日光温室、春秋大棚、小拱棚中进行病虫害防治以及对空棚进行消毒。

三、应用效果

使用背负式高效常温烟雾施药机进行施药作业，亩施药时间仅5～10分钟，雾滴直径平均50微米左右，可实现农药利用率提高25%以上，节省农药用量30%以上，节水80%以上，减少施药用工成本70%以上。

四、应用技术

1. 施药前准备

（1）农药的选择。根据作物的生长期、病虫害种类和危害程度，以及烟雾机使用说明书与防治要求，在当地植保部门的帮助下选择合适的农药剂型。

（2）施药时机的选择。

①根据病虫害等有害生物的生长发育阶段决定最佳的施药时间，并按照农艺要求确定农药用量。

②根据烟雾机使用说明书要求，配制施药浓度并准确计算喷雾所需时间。

（3）烟雾机的准备。

①按烟雾机使用说明书要求检查整机密封性，用清水试喷，检查喷液量是否正常。

②检查温室或大棚的覆盖材料是否有破损，换气扇的出入口是否有缝隙。破损处和缝隙应在施药前修补密封好。

2. 药液配制

（1）配药。应使用洁净的水桶、配药杯、量筒、搅拌棒、橡胶手套等工具配药。

（2）确定农药用量。确定农药用量后，按照施药浓度计算清水用量。先将清水用量的1/4～1/3放入配药杯，再将农药慢慢倒入配药杯，倒入后应搅拌药液。

（3）混合后的药液通过过滤器注入药箱，将余下清水放入配药杯，一边冲洗配药杯一边通过过滤器注入药箱。

（4）加完药液后，必须旋紧药箱盖保证药箱密闭，以免漏气泄压影响药液喷施效果。

3. 施药作业

（1）棚室施药。

①将加完药液的常温烟雾机放于移动发电推车的推手平台上。

②操作者做好防护，背起机具进至棚室最里面，采取由棚里向外的顺序退行施药。

③提起喷雾组件（喷管），按下电控箱上或手持遥控器上的启动按钮，启动常温烟雾机，开始喷药作业。

④为操作方便和减小农药对操作者身体的影响，喷药时务必由棚里向外退行喷施。如果退行到棚室出口还有少量剩余药液，可通过棚外风口将剩余药液喷入棚室内。

⑤在施药人员背负机具倒退行进的过程中，确保机具喷管与后墙的夹角小于等于60°，且根据行进速度调整夹角（水平摆幅）。

⑥根据不同种植作物的生长高度，可以垂直方向调整喷管的仰角和俯角。高秆作物在垂直方向上可以有一定的仰角，矮生作物有一定的俯角，俯角≤45°。

⑦喷管在水平和垂直方向的摆幅，要尽量与行进步幅保持一致，从而确保施药均匀，且严禁停留在一处长时间喷洒，避免人为原因造成局部喷药浓度过

高而出现药害。

⑧背负式常温烟雾机属于新型施药器械，对它的使用有一个熟练过程，且本机具施药速度较快，建议在操作与行走配合不太熟练的使用初期喷施较多药液（应大于12升/亩，一般为15升/亩），不要盲目降低药液量，避免因药液太少、行走较慢出现喷雾不匀、药液不足的情况（注：病虫防治效果只与每亩农药用量有关，与药液量多少无关，只要把有效药剂均匀地喷施到棚内，作物就能起到病虫防治作用，稀释用水只是起到更好地分散药剂、均匀喷施的作用）。

⑨小拱棚作物施药时，可以每隔10米左右将棚膜掀开一个小口，人站在棚室外面，将施药器的喷头放入拱棚内，顺着拱棚的一个方向进行施药。每个小口施药的时间根据拱棚的长度以及药液量确定（图10-4）。

图10-4　背负式高效常温烟雾施药机作业场景

（2）空棚消毒技术。

①将加完药液的常温烟雾机放于移动发电推车的推手平台上。

②操作者做好防护，背起机具进至棚室最里面，采取由棚里向外的顺序退行施药。

③提起喷雾组件（喷管），按下电控箱上或手持遥控器上的启动按钮，启动常温烟雾机，开始喷药作业。

④为操作方便和减小农药对操作者身体的影响，喷药时务必由棚里向外退行喷施。如果退行到棚室出口还有少量剩余药液，可通过棚外风口将剩余药液喷入棚室内。

⑤在施药人员背负机具倒退行进的过程中，将药液均匀喷向棚室的各个位置，包括棚膜、棚架、墙壁等。

4. 施药后的处理

（1）安全标志。施药工作结束后应关闭温室或大棚门，并在施药温室或大棚外树立警示标记，密闭 6 小时以上才能去掉警示标志。打开门通风 1 小时以后，人员方可进入。

（2）烟雾机清洗和存放。

①作业完成后，用清水喷雾，冲洗喷头与管道，喷雾 5 分钟后堵塞喷头孔，用高压气流反冲喷头芯孔和吸液管至少 1 分钟，直至吹净水液为止。

②用专用容器收集药箱内的残液，然后清洗药箱、喷嘴帽、吸水滤网、过滤盖。清洗方法应采用“少量多次”的办法，即用少量清水清洗至少 3 次。

③用湿布擦净风筒内外面、风机罩、风机及其电机外表面、电源线和压力气管等其他外表面的药迹和污垢（禁止水洗）。

④烟雾机应存放在干燥通风的机库内，避免露天存放或与农药、酸、碱等腐蚀性物质混放在一起。

（3）操作人员防护用品的清洗。

①施药工作全部完毕后，应及时换下工作服并清洗干净，晾干后存放。

②及时清洗手、脸等裸露部分的皮肤，并用清水漱口。

③空农药包装容器应集中无害化处理，不得随意丢弃。

第三节　新型信息素光源诱捕器

一、应用范围

主要适用于露地果菜类蔬菜种植。

二、应用效果

新型信息素光源诱捕器（图 10－5）将传统的性诱、光诱和色诱 3 种手段

图 10－5　信息素光源诱捕器

结合于一体，吸引杀灭害虫的效果均明显高于传统单一产品。诱捕器利用黄色黏虫板诱杀多种有翅蚜虫、潜叶蝇等多种小型害虫；利用性诱剂显著提高靶标害虫雄成虫诱捕数量；利用光源中的特定波段在夜晚害虫活动高峰期大量引诱靶标害虫的雌、雄成虫，互相配合，实现雌雄双诱，高效诱捕。

三、应用技术

第一，该诱捕器适用对象主要是小菜蛾、桃蛀螟等，应结合不同害虫诱芯使用。

第二，依虫口密度调整，虫口密度水平较低时，3 亩使用 1 套；虫口较高时，1 亩地使用 1 套。在成虫扬飞前悬挂，扬飞盛期可酌情增加数量，诱芯4～6周更换一次。

第三，将诱捕器悬挂于田间时，注意打开集成上盖下侧的开关按钮；在底托两边穿插两张配套诱虫板（另配），带胶的一面朝上；随后将诱芯置于诱虫板中央，集成上盖一端可悬挂于支架上或果园枝条上。

第四，在蔬菜地使用时，与地面距离不超过 0.8 米，但要高于叶面 10～20 厘米；在果园中使用时，可利用绳线等替代插杆来悬挂，离地面高度 1.5～2.0 米为宜，选择树冠中下部，叶丛通风处。

第五，实时查看诱捕情况，虫满或无黏性时更换黏虫板，以确保防治效果。

CHAPTER 11

第十一章 产后贮藏

第一节　流态冰冷却保鲜装备和技术

流态冰是一种流体形态的冰，为无数微小冰晶和水溶液（常为盐水、海水或乙二醇）的混合物。因其特殊的半液体形态，流态冰也被称作液体冰、流冰、流体冰等。

果菜创新团队加工与流通岗位专家在国外同类产品的基础上，结合我国果蔬产业的小规模生产特点，开发和研制了流态冰冷却保鲜装备和技术（图 11－1）。保鲜速度快，在最短的时间内将被保鲜物全覆盖，形成无死角浸泡式速冻保鲜。流态冰温度在－5～－2℃，这个温度适合冷藏温度，对被冻物的细胞组织没有一点损伤，流态冰机的冰晶在 0.2～0.5 毫米，柔软性能特别好，手感绵柔，可以进入被冻物内部的被保鲜物之间不会互相摩擦而伤及被冻物体。

图 11－1　流态冰预冷机

流态冰与被冷却物体的接触和传热面积几乎达到100%，包裹目标产品。从而达到寻常制冷方式3～5倍的制冷效果。与其他几种，如块冰、片冰、管冰等固体冰不同，流态冰机可以通过调整水溶液与冰的比例来获取理想的冰温和冰的浓度。

流态冰可通过软管或管道被泵送到各用冰点，大大节省了人工操作成本。与果蔬增加接触面积，更快地降温速度。与其他制冷方式相比，可节省至少1/3时间。

制冰所需温差小，制冷系统蒸发温度与盐水结冰温度差在5～6℃即可制取流态冰，而其他制冰机则需保持在10～13℃的温度范围。

第二节　可移动风冷水冷一体预冷机

可移动风冷水冷一体预冷机包括预冷机主体结构、制冷系统、送风系统、水循环系统及电控系统，设计尺寸为3.0米×2.0米×2.8米（图11-2）。预冷机制冷量30千瓦，风量6 000米^3/小时，总功率18千瓦，蓄水池需水量为3米^3。

图11-2　可移动风冷水冷一体预冷机

制冷系统采用全封闭涡旋式压缩机，钛管蒸发器，17.8千瓦换热量冷凝器，制冷剂为R22，温度传感器为PT100。制冷水温可达到2℃，单次处理量达到0.5吨。送风系统采用强效轴流型电机，出口风速不低于2.5米/秒。整机采用冷却水循环使用、杂质过滤为一体的设计方案。水循环动力采用380伏不锈钢卧式单级离心泵。

番茄果温从 30℃降至 10℃以下所需时间不足 55 分钟；甜樱桃从 30℃降至 5℃以下所需时间不足 60 分钟；西瓜果温从 35℃降至 15℃以下所需时间不足 260 分钟。预冷机的预冷效率分别为番茄 455.3 千克/小时、樱桃 572.7 千克/小时、西瓜 113.7 千克/小时（图 11-3）。

图 11-3　可移动风冷水冷一体预冷机番茄预冷

PART 3

下篇

主要设施茬口绿色高效栽培技术

CHAPTER 12

第十二章

有机果菜生产技术

第一节　有机番茄生产关键技术

一、品种选择

番茄有机种植中，应用抗病品种是栽培成功的关键因素。虽然口感、产量、抗逆性等也是品种选择的重要依据，但抗病性是有机栽培成功的关键因素，特别是对病毒病抗性至关重要。目前培育的番茄品种有相当一部分已经具备对病毒病的抗性。抗病品种可以有效抵御病原菌和病毒的传播和侵染，为有机番茄栽培提供保障。

二、耕作制度

番茄种植应远离烟草、辣椒等地，也不宜与辣椒、黄瓜等蔬菜间套作，以减轻病毒病的发生。番茄前茬不宜为茄科作物，以防土传病原菌和害虫的传播。番茄与任何非茄科植物的其他所有蔬菜均可以轮作，如生菜、甘蓝、萝卜、黄瓜、葱蒜类等，最好采用 4 年以上轮作。轮作是控制植物病原菌最有效、最直接的方法。由于某些病原菌侵染一种或一类蔬菜，但不会侵染另一类，而同一科的蔬菜（如番茄、茄子、辣椒或南瓜、黄瓜）可能会受到同一种病害的影响。因此轮作要避开种植同一科作物，蔬菜作物至少轮作 3 年。

对于出现根线虫的地块，采用番茄间作万寿菊或者萝卜是有效的防治方法。万寿菊从根中释放出对线虫有毒的物质，间隔 15～20 厘米种植一株万寿菊，趋避根线虫。番茄间作萝卜与万寿菊作用原理相反，萝卜对根线虫具有吸引力，及时除去感染萝卜，并反复种植，可以降低根线虫对番茄的危害。

三、育苗

番茄病虫害发生风险从苗期甚至从种子、基质、苗床、工具就开始了。苗期发生的病害范围很大，而且会带到田间，在田间表现出大范围迅速显示染病症状。如果是田间开始感染，则是从一株或几株开始逐步扩散。

1. 温汤浸种

通常市场上的种子已经经过灭菌处理，但仍然存在风险，哪怕只是一粒种子感染，就有可能感染整个苗床。育苗过程要严格控制病害，从种子开始。育苗采用传统的温汤浸种方法可有效避免苗期病害，连续几年实践证明效果显著。温汤浸种原理是利用较高温度杀灭或钝化病菌及病毒，包括附着在种子表面和内部的病菌。所用水温为55℃左右，用水量为种子量的5～6倍，要不断搅拌，并保持该水温15分钟，然后让水温自然降至室温，之后继续浸种5～6小时，催芽。温汤浸种不需要任何药剂，操作简单，可与浸种催芽结合进行，如果不及时播种，温汤浸种后种子晾干以后再用。

2. 苗期防控

采用无病原菌污染的基质育苗，是保持苗期避免病原菌污染的第二步。基质可采用蒸汽灭菌或在70℃下加热烘烤1小时。高温会破坏大多数致病微生物，并控制杂草。采用天然无番茄病原菌接触历史的椰糠和草炭、珍珠岩、蛭石、腐熟有机肥、苗床土等育苗，基本上没有病害风险。风险可能来源于重复利用的穴盘、工具、棚室等。棚室、穴盘和工具等消毒可采用硫黄熏蒸或50℃下烘烤1小时，穴盘和工具也可用石硫合剂喷雾。

由于昆虫可将病毒从受感染的植物带给健康植物。在播种前先清除周围杂草，这些杂草通常是病毒、昆虫和病原菌越冬的寄宿场所。反光地膜材料或者铝箔可以有效防治几种重要病毒病。其原理是反光材料表面反射的光击退传播病毒的蚜虫、蓟马、粉虱等，从而减少病毒传播风险。播种后，苗床采用纱网保护也有利于防止昆虫扩散。

3. 苗期管理

番茄种子理想的出芽温度是23～25℃，出苗到移植的温度白天为20～22℃，夜间为15～17℃。当白天温度高于25℃时需要通风降温。冬天和夏天育苗需要精细控制温度和光照。冬季育苗必要时采用补光和加温措施，夏季育苗采用湿帘、通风及喷雾方式降低温度。高温和低温引起幼苗生长障碍，影响以后的产量。

采用基质育苗不需要控水。控水导致茎早期纤维化（老化），以后植株茎粗不一致，影响养分运输，最终影响产量。育苗技术不当造成幼苗的伤害，在苗期可能不表现，移栽后逐步显现。穴盘育苗由于根系生长空间小，茎叶互相遮阳，适宜早出苗，事实上采用营养钵育苗最好。基质中加入生根菌可以促进根系生长，发生更多的侧根。出苗后到一片真叶显现时即采用叶面保护菌剂，有利于防止病原菌侵染。

四、土地的准备

1. 土壤肥力管理与施肥

番茄尽管根系发达，但由于田间管理和收获践踏，土壤容易板结，适宜采用小高畦栽培。番茄对土质要求不高，但怕涝，要求土壤疏松深厚，透气性好，有机质含量高，与其他作物相比，对土壤 pH 要求不严，较耐盐碱。

番茄对土壤过高的钾和镁含量敏感，钙吸收障碍，引起脐腐病。番茄缺钙通常是继发性的，即使土壤不缺钙，但因盐分，特别是钾、铵态氮、镁过高及缺水或者土壤含水量过高造成的；干旱和涝害有时候植株表现的症状一样，因为同样都是由于根系吸收能力减弱引起的。特别是在干旱后补充大量水分的时候，土壤表面看起来并不干旱，但干旱带来的危害已经发生。如果发生缺钙，首先要考虑的是灌溉和施肥是否适宜，之后测试土壤钙的含量。如果土壤 pH>6.8，就有可能导致缺钙和缺硼。栽培过程避免土壤盐分含量太高，尤其是钾含量太高，降低空气湿度，灌溉均匀。有机肥使用量太大也是导致土壤盐渍化的主要因素之一。总之，土壤作物养分供应与植株病害发生密切相关。在健康、肥沃土壤中生长，可提高植物抗病性。

有机番茄种植中，氮素营养是所有矿质养分中最关键的。因为有机肥中其他营养元素基本上可以满足生长需要，而氮素通常称为限制因子。有机种植中氮素从田间流失的主要途径是收获从土壤带出的氮素。每一吨收获的番茄带出田间的氮素为 3 千克。生产 6.6 吨番茄，需要带出田间的氮素约为 20 千克、磷 2.4 千克、钾 27 千克、镁 2.8 千克、钙 11.2 千克。按照有机番茄产量为 6.6 吨/亩计算，需要补充的氮素营养约为 20 千克/亩。

有机番茄氮素营养的来源由下列部分组成。

（1）土壤本底中含有的氮素。土壤本底含有氮素约为 333 千克/亩，以矿化缓慢的有机质化合物（腐殖质）形态存在，并矿化缓慢释放氮素；这种氮素每年矿化量约为总量的 2%～3%。矿化与季节有关，露地 2～3 月每月 0.7 千克/亩，4～10 月每月 1.4 千克/亩。全年土壤本底提供的氮素约为 11.2 千克/亩。

（2）有机肥提供氮素。根据有机农业标准，每年每亩补充的外源氮素为 11.6 千克，以有机肥方式添加，牛粪中氮、五氧化二磷、氧化钾含量分别为每吨 5.5 千克、4.5 千克和 11.5 千克；羊粪每吨氮、五氧化二磷、氧化钾含量分别为 15 千克、7 千克和 19 千克；鸡粪每吨氮、五氧化二磷、氧化钾含量分别为 20 千克、17 千克和 13 千克。因此，每亩每年可添加的有机肥为牛粪 2.1 吨/亩，或羊粪 773 千克/亩，或鸡粪 580 千克/亩。最好的施肥方式是测土施肥，根据土壤养分含量选择施用哪一种有机肥或配合施用。根据有机农业标准，单纯依赖外部投入显然是不够的，有机农业标准的初衷，就是最大限度使农场内部的尾菜和秸秆循环利用，并种植绿肥等生物固氮补充模式。

（3）间作或轮作绿肥。每 1 000 千克鲜重的绿肥可以提供 2.5～4 千克的氮素。有机番茄种植要达到氮素平衡，需要鲜重 2.5～4 吨的绿肥。轮作或间作三叶草类豆科绿肥是田间氮素平衡的重要补充方式，可提供约 10 千克/亩氮素。

（4）前茬作物土壤残留的根茬及生长期根系分泌物，二者叠加可以提供氮素约 2～3 千克/亩；此外，自由存活的土壤固氮菌，每年固定大气氮素约 1 千克/亩。

尽管使用有机肥是改良土壤的首要措施，但在蔬菜种植中需要定期检查土壤，避免盐分积累。特别是土壤中钾和镁含量较高时，一年之内不要使用农家肥，可以通过含氮量较高的商品有机肥如饼肥、麻渣等补充氮肥，采用豆科植物绿肥方式是行之有效、经济适用地提高土壤氮素水平和平衡养分含量的主要措施。

2. 尾菜、秸秆田间堆制技术

有机蔬菜生产中，为保障养分供应和土壤肥力的恢复，需要建立堆肥制度。将农场优质的秸秆、尾菜再利用，一方面可以减少对外源肥料的依赖，节约成本，降低风险，另一方面也有利于环境保护。

微生物分解有机质较适合的碳氮比约为 25∶1。禾本科作物秸秆的碳氮比为 50～80∶1，杂草和尾菜比为（24～25）∶1。因此，制作肥堆时，将尾菜和秸秆混合，也可以添加厩肥，一层秸秆一层厩肥或尾菜，逐层堆成 2 米宽、1 米高的肥堆，添加 1～2 千克/吨发酵粉。发酵粉逐层撒入。肥堆外部覆盖秸秆，不要压紧，在疏松通气的条件下发酵。堆肥在温室中发酵效果更好。几天后肥堆内部温度可升高到 60～70℃下保留 7～14 天。一般堆积后第三天堆肥表面以下 30 厘米处的温度就可达到 70℃。保持 60～70℃堆积 14 天后，进行第一次翻堆促进二次发酵，翻堆时堆肥表面以下 30 厘米处的温度为 60℃。二次发酵 10 天后进行再次翻堆，翻堆时堆肥表面以下 30 厘米处的温度为 40℃。当翻堆后的温度稳定在 30℃，水分含量达 30%左右时不再翻堆，等待后熟。后熟一般 3～5 天，最多 10 天堆肥即制成。如果存在病虫害、根结线虫等风险，后熟时间可以延长 1～2 年再使用。

3. 病虫草害的预防

鉴于许多病原物是在植物残体上越冬，清除作物残体是减少次年病虫害发生的首要措施。例如，拔除 1 株根结线虫侵染的植物根系，可以清除其所携带几千条根结线虫和卵。清除病株残体，同时也消除了真菌、细菌、病毒和线虫的种群数量和越冬场所，是减少下一茬作物田间初期病害发生的重要措施。带有病原菌和根线虫的植物残体堆肥需要做60℃以上的无害化处理，也可以采用高温蒸汽或者火焰土壤消毒。

土壤日晒高温闷棚消毒可以有效预防根结线虫、土传病原菌、虫害和草害。选择夏季气温最高、日照最强时，先土壤翻耕再浇透水，然后盖透明地膜日晒，进行4～6周的消毒。日晒法通过在土壤表面覆盖塑料薄膜将太阳能聚集到土壤中，以较高的土壤温度（大于37℃）控制线虫，有效降低20～30厘米深处土壤的线虫数量，还控制了许多土传真菌病原体，以及许多有害昆虫和杂草。薄膜覆盖尽可能完整，如果有遗漏的地方，那里的根结线虫依然存活，成为未来根结线虫发生的来源。

用高温闷棚进行土壤消毒方法也可以结合有机肥施用，每亩添加由秸秆和尾菜腐熟的有机质约1 000～2 000千克，翻耕后用薄膜密封15～20天。高温闷棚揭膜后、定植前每亩再定量施入腐熟的牛羊粪或鸡粪。有机肥条施入定植行下，条施可以将肥料利用效率提高30%。饼肥也可以作追肥。高温闷棚后，再施入生物菌剂100～2 000克，采用促进养分吸收和固定氮素的菌剂，使用量根据不同产品的有效活菌数确定。

对于藤蔓作物的支架、种植用工具等，因为在木桩、竹竿、吊绳上也有存活病原菌，要采用石硫合剂或者硫酸铜溶液浸泡或喷洒，彻底消毒后才能重复使用。大棚定植前清空活体植物，休棚20天。夏季采用高温闷棚时也可以将工具等同时消毒灭菌。

五、栽培管理

番茄主根深30厘米，但须根可以达到更深的土壤，因此，甚至40～50厘米土壤需要良好的团粒结构。番茄行间通道用秸秆如稻草、麦秸、碎玉米秸覆盖，可保持土壤疏松，也可采用地膜覆盖。番茄根腐病通常是由于地温较低、土壤潮湿引起的。选择排水良好或者采用高畦种植有利于幼苗萌发和抗病。

可移栽苗为第一花序开始开花时，根据季节不同，苗期可达6～10周。番茄定植密度为每平方米2～3株，行距稍宽，以便通风透光，保持冠层空气干燥，减少真菌病害发生。番茄宜深栽，对于较高的苗可以采用卧栽方式。由于番茄茎具有产生不定根的特点，卧栽可以促进大量根系的发生。

番茄移栽后需要浇透水，之后进行中耕蹲苗，直到坐果之前不要浇水过多，以免影响根系生长和深扎，坐果后适当增加灌溉量，并保持土壤湿度均匀，灌溉量为单次15～20米^{3}水，间隔7～10天灌溉一次。喷灌会增加空气湿度，造成真菌性病害，不宜采用。宜采用地膜覆盖，配合膜下滴灌。灌溉宜见湿为宜，一次浇透，小水勤浇造成根系不下扎。浇水不能太多，过湿会造成烂根。

如果出现缺氮，间作豆科植物是很好的方法。缺氮的症状是下部叶片逐步变黄。在符合有机蔬菜生产标准的前提下，有机肥是可以作为追肥使用的。有机肥追肥效果显著，施用后1～2天叶色即可转绿。也可以施用有机液体肥，随灌溉浇灌，效果显著。

番茄对温度条件的要求如表12－1所示。移栽后第一周保持夜晚16～20℃，白天23～25℃以上，但超过25℃需要通风降温。番茄生长适宜温度夜晚17～20℃，24℃以上需要夜间通风；白天23～28℃，28～30℃植株生长出现隐性危害，高于30℃以上造成危害，高温危害是逐步显现的。最佳授粉温度为23℃。

番茄对磷的吸收受根系温度和土壤质地的双重影响，地温14℃以下根系吸收受阻，首先出现缺磷症状，之后表现整体脱肥。

番茄适宜的空气湿度为60％～80％（表12－1）。

表12－1　番茄生育期对温度条件的要求

种子出芽	22～25℃
幼苗期	22～24℃/15～18℃
开花期	20～23℃/15～18℃
结果期	22～26℃/15～18℃
地温	高于14℃

地膜覆盖可以阻隔雨季土壤表面病原菌溅到植株体上。反光地膜可以趋避蚜虫。支架栽培可以有效提高单位土地的叶面积指数，增强冠层的通风透光特性，避免叶片、茎和果实与土壤表面的直接接触，导致病原菌感染或腐烂。

如果没有采用地膜覆盖，应及时中耕培土，促进发根；育苗地和栽植棚地应彻底清除带毒杂草，减少病毒病的毒源；适当推迟首次打杈时间可以避免叶片卷曲和早衰。及时采收避免果赘秧；田间操作前后用肥皂水洗手，操作顺序应先健株后病株。

六、整枝技术

番茄属于合轴分枝，侧枝生长旺盛。通常采用单秆整枝，也可以采用双干或多干整枝，不要的侧枝要及时打掉。在第一穗果坐住之前，侧枝待长大到3厘米以上再打掉，之后的侧枝可以在番茄幼苗时剪除。番茄每一片叶子的叶翼均发生侧枝，剪除侧枝是重要的栽培工作之一。

番茄属于半直立植物，特别是坐果后，由于果实重压很难自立，需要搭架绑蔓。绑蔓采用活扣，以免吊绳嵌入茎而影响植株维管束养分运输。在连续生长和采收后，需要落蔓，落蔓降低了植株的高度，可降低根系养分和水分向上运输的阻力。

番茄从开花到果实成熟通常需要 50～60 天，因而在栽培季节结束前的 50～60天的花不需要保留，需要打顶，以免分散养分供应。但打顶后由于打破了已经建立的源库平衡关系，植株叶片发生卷曲，光合能力下降，植株早衰，为了避免这一现象发生，可以先摘除不需要的顶端花序，之后保留 4～6 片顶叶，也可以保留一个小的无用的侧枝。番茄也有采用换头栽培的方式，更新果枝，效果很好。

栽培过程要及时摘除老叶。果实成熟期开始后，保留生长点往下 12 片成熟叶片即可，之下叶片已经开始衰老，光合能力下降，但依然消耗矿质营养，并造成冠层幽闭，应及时打掉，创造良好的空气流通微环境。植株冠层基部空气湿度大容易发生灰霉病和茎腐病。另外，果实红熟期即可采收，否则光合养分依然运输到红熟期果实中供应种子，反而影响后续果穗果实的生长，导致整个植株的减产。因为栽培需要收获的是果实，而不是种子。

七、番茄病毒病田间表现

对番茄致病的病毒目前发现 20 多种，主要有 TMV、CMV、烟草卷叶病毒（TLCV)、苜蓿花叶病毒（AMV)、马铃薯 X 病毒、马铃薯 Y 病毒、退绿病毒、TYLCV 等。有些病毒病症状典型，而有些是不典型的，与缺微量元素症状类似。番茄病毒病症状如下（韦柳凤，2011）。

（1）叶片失绿。植株中部叶片失绿，而顶端叶片正常，危害症状和缺镁症状易混淆。

（2）蕨叶型。症状为植株矮化、上部叶片成线状、叶片细小密集，中下部叶片微卷，与干旱条件下的缺钙症状类似。病毒感染植株特征为不开花结实或仅开花不结实，而缺钙症状为果实脐腐病，也存在两方面都有的可能性。

（3）条斑型。叶片呈黄绿相嵌的花斑，叶片发生褐色斑或云斑，或茎蔓上发生褐色斑块，变色部分仅处于表皮组织，不深入内部；病叶皱缩略卷曲，背面叶脉产生灰褐色坏死斑，病株顶部伸展不开。茎上病斑为黑色或黑褐色的坏死条斑，果实病斑初为圆形或不规则的坏死斑，后随果实发育，病部凹陷，成为畸形果。

（4）卷叶型。叶脉间黄化，叶片边缘向上方弯卷，小叶扭曲、畸形，植株萎缩或丛生。

（5）黄顶型。顶部叶片褪绿或黄化，叶片变小，叶面皱缩，边缘卷起，植株矮化，不定枝丛生。

（6）坏死型。部分叶片或整株叶片黄化，发生黄褐色坏死斑，病斑呈不规则状，多从边缘坏死、干枯。

番茄病毒存活能力强，常常是复合感染，表现出多重症状。如烟草花叶病毒在多种植物上越冬，种子也可能带毒，成为初侵染源，通过汁液接触传染，只要寄主有伤口即可侵入。番茄花叶病毒由蚜虫传染，汁液也可传染，冬季病毒多在宿根杂草上越冬，春季由蚜虫迁飞传播。蚜虫、蓟马和其他以杂草为食的昆虫，把病毒颗粒带到健康植物体内。通常在有害昆虫发生后 2～3 周甚至再长时间，植株开始表现出病毒症状，而事实上在没有出现症状的时候，病毒已经由害虫传播给植株了。因此，苗期病毒传播存在一致性迅速扩散。而大田发生病毒则是一株一株逐步扩散的。一旦田间发现疑似病毒病症状的植株，应立即拔除，相邻植株隔离，侥幸心理可能酿成祸患。

八、病虫害管理

番茄整个生育期均要及时发现并清除染病和发生害虫的植株，这是行之有效的控制方法。检查叶片症状是每天必须要做的，一边进行农事操作一边仔细观察。任何叶片失绿，不管是局部还是生长点，都要翻看叶片背面，必要时采用放大镜观察，寻找叶斑、枯萎、矮化、果实腐烂、畸形叶、溃疡和茎枯症状。一个菌斑可能产生成千上万病原菌孢子，病害流行范围通常以一株为中心向外部扩散。当 1～2 片叶子显示出病虫害的时候，通常并不引起重视，但事实上即使只有 1 株感染，传播的风险已经很大了，及时清除染病植株和叶片可以将病虫害流行减少 50％以上，或者暴发时间延期 1～2 个月。对于土传病害还要将根系完整的植株移除，并采用石灰氮消毒病株附近的土壤。拔除病株后就地装塑料袋，封口后移出生长区域，之后洗手，避免直接拔除后移出田间过程造成新的扩散，及时去除感染植株和侵染叶片也是防治害虫的有效方法。

有机番茄防治害虫采用的措施包括：适时耕地除草，清洁田园减少虫口密度；采用防虫网和薄膜覆盖控制虫害的传播；利用有害昆虫的趋色性，用黄色和蓝色诱击板；黑光灯和糖醋液也具有非常好防治效果，采用黑光灯诱击鳞翅目成虫，切断生活史，达到完全控制的效果。

田间地头种植有益植被，为天敌培育提供生存场所。蚜虫可采用软肥皂水 1～2 升/亩，或者购买七星瓢虫防治。红蜘蛛和蓟马投放捕食螨进行防治，并悬挂蓝色和黄色诱虫胶板等进行诱杀；叶螨乳化植物油 1 升/亩，间隔 5～7 天一次。

有机农业可利用的植物源与动物源物质包括藻类制剂，植物、动物油，蜂蜡，几丁质杀线虫剂，微生物类制剂（如 Bt），咖啡末，明胶，天然酸（如食醋、酵素），印楝素，蜂胶等。

番茄早疫病、晚疫病、白粉病和叶斑病，可采用硫黄粉、石硫合剂、波尔多液防治，这些是传统的安全农药，在有机蔬菜生产标准中允许使用，喷施一次可以同时预防和防治细菌、真菌和害虫。石硫合剂的使用浓度为稀释200～250倍，即波美浓度0.1～0.2，实际应用中需要先初试，在确保没有问题的情况下再大面积喷施。温度越高使用波美浓度越低，以防烧苗。采用硫黄细分用120倍水稀释喷雾，或者采用硫黄灯每天使用4～8小时。硫黄的使用条件为32℃以下。矿物源物质还包括氯化钙、硅藻土、黏土（如膨润土、珍珠岩、蛭石、沸石）、高锰酸钾、生石灰、硅酸盐（如硅酸钠、石英）、小苏打、铜盐（如硫酸盐、氢氧化铜），累计平均最大量为每年8千克/公顷。

微生物源制剂防治有害生物包括：活体微生物，如真菌制剂、细菌制剂等具有生物防治作用的天然微生物类。特别是淡紫拟青霉对根结线虫的防治作用、木霉菌对土传有害真菌的防治作用非常显著。真菌及真菌制剂（如白僵菌、轮枝菌），细菌及细菌制剂（如苏云金杆菌，即BT）释放寄生、捕食、绝育型的害虫天敌，病毒及病毒制剂等。种植过程中，从苗期开始使用叶面微生物保护剂，间隔3～4周喷施一次，可以有效预防叶面真菌性病害。

第二节　有机黄瓜生产关键技术

一、有机黄瓜的轮作

有机黄瓜种植采用3～4年轮作可有效避免连作障碍及其他连作问题。所有甘蓝类蔬菜均不可作为黄瓜的前茬，前茬最好是豆科、辣椒、生菜、萝卜、绿肥。黄瓜是典型的头茬作物，对有机肥利用充分，是许多作物的好前茬。黄瓜需要温暖透气有机质丰富的土壤，土壤结构疏松，保水性强。过湿、过冷过干、过轻质的土壤均不易栽培，较理想的土质是黄壤土或黑土。黄瓜最适宜的土壤pH为6.4。

二、品种选择

病害是有机黄瓜种植首要面对的问题，采用抗病和耐病品种是种植成功的关键，特别需要种植抗霜霉病和白粉病的品种。

三、嫁接育苗

黄瓜苗期通常为40～55天。对于土传疾病严重，或具有连作障碍风险，或气候不适宜的地块，如黄瓜枯萎病、根腐病，或者冬季地温较低以及根结线虫危害严重时采用嫁接育苗。高效的砧木是提高黄瓜的抗逆性和抗病性的有效措施。

应用抗性和亲和力适宜的南瓜砧木品种。南瓜提前3～4天播种，黄瓜播种后7～8天，两片子叶展开，第一片真叶2～3厘米时嫁接。育苗过程中根据砧木和接穗生长状况调节苗床温度和湿度，促进幼苗茎粗壮，并使砧木和砧穗同时达到嫁接适宜期。砧木胚轴过细时可提前2～3天摘除其生长点，促其增粗。嫁接时先去除砧木生长点，把竹签向下倾斜插入，深达0.5厘米左右。注意插孔要躲过胚轴的中央空腔，并不要插破表皮，竹签暂时不要拔出。然后将黄瓜苗在子叶下5～8毫米处削成楔形；拔出砧木里的竹签，右手捏住接穗两片子叶，插入孔中，使接穗两片子叶与砧木两片子叶呈十字形嵌合。之后用嫁接夹子夹住嫁接伤口，用小拱棚覆盖，保持较高的空气湿度，拱棚外加一层遮阳网，降低蒸发蒸腾作用。嫁接成活率可达95%以上。

四、栽培管理

黄瓜定植后管理包括环境温度的调节和灌溉。黄瓜喜温暖，怕寒冷。夜间温度骤降可引起生长障碍，秋季寒冷潮湿的夜晚可引起白粉病和果实畸形，夜间温度低于14℃，黄瓜头部弯曲；白天温度持续高于32℃，黄瓜生长受到隐性危害，并且病虫害增多。

黄瓜不耐旱，也不耐涝。采用排水良好土壤或高畦栽培，可以减少涝害和由于土壤通气不良造成根系病原菌侵染。高畦有利于种子发芽、出苗，增强幼苗抗逆性。黄瓜最适宜空气湿度为70%～80%。适当降低定植密度，增加通风透光可以有效避免病害发生。需水量平均每亩每月约50吨。灌溉应在早晨至中午前进行，避免晚上灌溉，水温最好调节为15～18℃。

黄瓜根系多向水平方向生长，扎根浅，但在结构疏松的土壤中根系可以深达1米。盐含量过高和地温过低，可以引起死亡或根部疾病，如枯萎病或猝倒病。田间地面覆盖一层薄薄的秸秆有利于提高土壤的稳定性。

宜采用测土施肥，良好营养状态的植物较缺乏营养或营养不均衡的植株具有更强的抗病性。黄瓜需水肥量大，但不耐盐渍化，栽培中避免过度施肥造成土壤盐分积累。黄瓜产量和矿质营养吸收的关系见表12－2。通常每亩施用腐熟厩肥1.5～3吨即可。如果连续施用大量有机肥，土壤中磷、钾养分含量过高。氮素营养可以施用氮素含量较高的商品有机肥，如饼肥、麻渣等。起垄栽培有利于改善耕作层通气、保水和保温特性。在起垄前将有机肥条施入土壤，整个生长季通常不需要追肥。钾、镁、氮肥过量会引起植株缺钙。

表 12-2　黄瓜产量与矿质营养吸收量

产量（千克/亩）	养分吸收量（千克/亩）				
	氮	磷	钾	镁	钙
18 000	26	2.9	34	2.2	5.7
13 000	20	2.2	27	1.6	4.1
10 000	16	1.9	23	1.4	3.6

五、病虫害管理

黄瓜种植过程中，较常见的病害为霜霉病和白粉病。霜霉病先在叶面出现黄色斑点，受叶脉限制呈角形斑点，对应的叶背面呈水浸状斑点，后显灰褐色至褐色，与健康组织交界处呈黄色，叶片死亡后背面有紫色孢子。夜晚有露水时传播迅速，真菌繁殖的理想温度是15～20℃，受害植株可在几天内大面积死亡，俗称“跑马干”。防治措施：选择抗病品种；避免或缩短叶片潮湿时间，早晨通风；及时发现拔除病株，打掉染病老叶、增加田间通透性具有良好效果；不宜采用喷灌，采用软肥皂和植物提取液喷雾防治，以及苏打水和食用油的混合制剂防治。

黄瓜白粉病的症状为最初叶面出现白色圆形斑点，然后迅速扩散，稠密白色绒毛覆盖整个叶片，最后变成灰褐色，再扩散到叶背和果实，叶片死亡。防治方法为，选择抗病品种，清除受害植株，晚上要保持植株干燥，采用软肥皂水喷雾。

黄瓜灰霉病感染植株受损伤的部位，主要表现是植株组织腐烂，受害部位可见灰色绒毛，叶片边缘有褐色干燥斑点。防治措施：及时清除受害植株，降低空气湿度，避免喷灌；选择抗病品种；打叶、去卷须、摘瓜工作适宜在上午进行，避免伤口暴露于较高空气湿度下；摘瓜适宜采用剪刀，避免生拉硬拽，导致植株组织受损。

黄瓜猝倒病表现为根茎部软腐，根褐变，多发于幼苗，避免根部过冷过湿，采用蒸汽消毒育苗土壤，避免苗床土盐渍化。

黄瓜根结线虫表现为植株枯萎，根部出现块状肿大，常常引发继发性感染，根系吸收能力下降。防治措施：采用抗根结线虫砧木品种嫁接黄瓜；间作萝卜吸引、诱击根结线虫，采用4年以上与葱蒜类轮作，清除黄瓜感染根系；采用微生物菌剂杀灭根结线虫，高温日晒土壤也是防治根结线虫的有效方法。

叶螨危害的症状是叶片上出现白色斑点，后叶片变黄。多因空气湿度过低引起，需要早发现、早防治，最初常在靠门口边或通风口的地方出现，可放扑虱螨 5 头/米²，10～14 天后重复释放一次，空气湿度不低于 65%。

蚜虫危害植株芽尖及叶片，导致幼叶畸形坏死，蚜虫分泌的蜜露污染生长叶片，导致植株生长停滞，甚至全株死亡。蚜虫有多个种类，常见的是棉蚜，一般优先危害干旱植株，于植株生长点之间传播，扩散迅速。防治措施：释放天敌，如蚜茧蜂与食蚜瘿蚊 50 头/米²，联合使用预防效果很好；或者采用 3～4倍沼液喷洒，40 个小时后死亡率可达 90%以上，并能起到叶面喷肥的作用；或用 1.1%百部和 1%肥皂水，或者草木灰浸泡液喷雾清除。

白粉虱通过刺吸和分泌蜜露污染植株生长点，田间挂黄板起到监测作用。防治方法：在移栽前释放丽蚜小蜂 5 头/米²；黄板悬挂于植株生长点位置，过高或者过低影响效果；由于茄子是白粉虱和烟粉虱最喜爱的植物，可以在田间点缀种植几株盆栽茄子，茄子吸引粉虱，并将丽蚜小蜂和寄生蜂寄养在茄子植株上，可有效降低粉虱虫口密度。

蓟马危害黄瓜叶片和果实，叶片显示白色斑点、坏死和黑色粪便。可以用蓝板监测，发生后释放扑食螨 50 头/米² 防治。

潜叶蝇危害植株叶片，可见透明虫蛀隧道，及时摘除受害叶片，释放离颚茧蜂 10 头/米²。

甜菜夜蛾幼虫可用 16 目尼龙网隔离防治，或用有机认证认可的 BT 生物杀虫剂可湿性粉剂喷雾，应用黑光灯效果显著。地下害虫可用金龟子芽孢杆菌制成毒土或毒饵防治，对地老虎、金针虫等均有特效。

CHAPTER 13

第十三章 高产高效栽培技术典型案例

第一节 日光温室黄瓜2.5万千克生产技术

在北京市果类蔬菜创新团队2009—2010年日光温室越冬黄瓜高产示范与高产创建活动中，密云县（现为密云区）十里堡镇统军庄村李德成将自身种植经验与高产创建方案相结合，创造了26 654千克/亩的高产，是高产示范点均产的2.25倍，是全市平均产量的4.56倍。

一、气候条件分析

2009年秋冬季，强冷空气活动频繁，降温幅度大、气温低、气温回升缓慢，日照大部分时段偏少。据北京气候中心报道，2009年冬季（2009年12月至2010年2月），北京平均气温为－3.6℃，比常年偏低0.9℃，仅2010年1月下旬和2月下旬气温偏高，其他月份气温均偏低；日照大部分时段偏少，累计日照时数为468.2小时，比常年同期（563.0小时）偏少16.8%；对保护地生产影响最大的降温降雪过程出现在1月初，1月2—3日降雪过程农区的积雪厚度平均达20厘米以上，且气温回升缓慢，直至17日最低气温才缓慢回升至－10℃以上。

二、设施结构

1. 基本情况

其用于越冬黄瓜生产的设施为砖混结构日光温室，骨架为镀锌钢管，架间距为50厘米；温室长度65米、跨度7.5米，墙体（50厘米砖墙外加5厘米厚的聚苯板和5厘米厚的石灰板）厚度0.6米，后墙高2.8米、脊高3.6米；后坡地面投影1.6米；前底脚内侧埋入5厘米厚、50厘米深的聚苯板取代防寒沟。

2. 技术点评

北方地区进行喜温果菜的越冬生产，温室合理的结构和良好的性能是安全生产的前提。该温室在结构上较为合理，其脊跨比（脊高与前屋面水平投影之比）为0.61，前屋面平均采光角度为31.4°，虽偏低于该地（N40°23′）合理采光时段屋面角（33.3°～33.5°），但在冬至日合理采光时段（10：00—14：00）太阳光线入射角介于35°～38°，保证了前屋面良好的采光性能；该温室后坡仰角为26.6°，基本能够满足冬至节前后阳光晒满后墙，但还应适当提高后坡仰角，可掌握在35°～40°之间，确保整个冬季阳光晒满后墙和后坡；后坡长度1.79米、投影为跨度的0.21倍，能够起到良好的保温作用；同时墙体厚度0.6米、地埋50厘米聚苯板隔热，基本达到了北京冬季（12月至翌年2月）最大冻土层的低限。

三、温室前屋面覆盖

1. 基本情况

温室应用的透明覆盖材料为PO膜，保温外覆盖为加厚防水保温被（材质由内及外由棉布、针刺棉和防水布构成），新被厚度8厘米，密度为3千克/米^2。

2. 技术点评

前屋面是日光温室获取光能的通道，同时也是热量散失的主要结构，因此，在前屋面角合理的同时，透明覆盖材料和保温外覆盖物对温室的温光性能具有显著的影响。该农户选用PO膜作为透明覆盖材料，该种类型棚膜具有升温快、降温慢和光线透过率高等特点，有研究表明，PO膜覆盖的温室透光率较PE膜高4.5～4.7个百分点，温室日平均温度、最高温度、最低温度总体上比PE膜覆盖的高1℃左右，晴天可达2℃以上；加厚防水保温被致密性强、保温效果好，据监测，温室冬季最低温度较普通保温被平均提高1.3℃。

四、地块土壤养分

1. 基本情况

温室已生产应用7年，耕层土壤为沙壤土、容重1.26克/厘米^3、田间持水量30.6%，有机质含量1.63%、全氮1.35克/千克、碱解氮154.00毫克/千克、有效磷126.45毫克/千克、速效钾225.00毫克/千克。

2. 技术点评

地块为7年的老菜田，由于常年有机肥的投入，土壤较为肥沃，根据《北京市土壤养分分等定级标准》，除了有机质含量为中等水平外，其他各项养分指标为极高水平，土壤综合养分指数88，达到了高养分等级，这为高产奠定了基础。

五、应用品种

1. 基本情况

李德成选用的黄瓜品种是“中荷 8 号”，该品种生产中表现为耐低温弱光，植株长势旺盛，分枝中等，主蔓结瓜为主，第一雌花始于主蔓第五节，瓜条长度 32～35 厘米、瓜把短，刺密溜小，瓜码密，连续结瓜能力强，商品瓜率高，抗白粉病、霜霉病。

2. 技术点评

日光温室冬季栽培的环境特点是低温、弱光、通风不良、室内空气相对湿度大，因此选用的品种要耐低温弱光、抗病性强。北京地区日光温室越冬黄瓜生产中表现较好的品种还有津优 35、中农 26、金胚 98、津优 36、京研 108-2、中密 12 等密刺型黄瓜品种和戴多星、戴安娜、比萨等水果型黄瓜品种。

六、壮苗培育

1. 基本情况

李德成应用嫁接育苗技术。接穗和砧木皆以地苗方式育苗，砧木选用黑籽南瓜，当砧木株高 5～7 厘米、下胚轴直径 0.5 厘米、接穗第一片真叶直径 3 厘米时，应用靠接法进行嫁接。具体操作是：嫁接前 1～2 天，用喷壶适当喷水除去叶面表面尘土，嫁接时先用刀片将砧木苗两子叶间的生长点切除，在子叶下方 0.5 厘米处与子叶着生方向垂直的一面上呈 35°～40°向下斜切一刀，深达胚轴直径的 2/3 处，切口长约 1 厘米。将黄瓜苗从苗床中拔起，在子叶下 1 厘米处，呈 25°～30°向上斜切一刀，深达胚轴直径的 1/2～2/3 处，切口长约 1 厘米。将黄瓜苗与砧木苗的切口准确、迅速地插在一起，并用塑料夹夹牢固，使黄瓜子叶在南瓜子叶上面。

2. 技术点评

嫁接育苗可以提高植株的抗逆性，增强抗病能力，延长生育期，从而达到增产增收的目的，已在京郊黄瓜生产中得到普遍应用，尤其是日光温室越冬栽培中。

在砧木方面，李德成选用了黑籽南瓜。黑籽南瓜原产于中美洲高原，1979 年发现于云南，故称“云南黑籽南瓜”，自 20 世纪 80 年代以来广泛应用于黄瓜嫁接栽培。该砧木突出的特点是根系强大、抗枯萎病能力强、耐低温性好，但由于其下胚轴空腔形成较快、适嫁期较短以及嫁接后黄瓜瓜条果霜加重等缺点，在生产中逐渐为白籽南瓜和褐籽南瓜所取代。

黄瓜嫁接方式较多，生产中常用的有贴接法、顶芽斜插法和靠接法三种。

李德成习惯应用靠接法，由于该种方法是砧木和接穗为带根嫁接，不易失水萎蔫，成活率较高，嫁接后对管理要求不太严格，所以农民分散育苗一般多采用此法，但是由于接穗与砧木的结合位置较低，易产生不定根，同时接穗和砧木需要从育苗基质中拔出进行接合，后期接穗还需断根比较烦琐费工，不适于规模化育苗应用。

健壮秧苗的培育是生产的基础，李德成在育苗方式上还有待改进。基质的容器（穴盘、营养钵）育苗已经得到了越来越多的应用，而地苗由于起苗时易造成根系损伤、秧苗易感染土传病虫害等原因已逐步被生产淘汰。

七、整地施肥

1. 基本情况

棚室上茬作物（叶菜）收获后清理田园，之后灌 1 次透水，地面见干时撒施鸡粪 10 米^3（合 14.7 米^3/亩）、牛粪 15 米^3（合 22.0 米^3/亩）、硫酸钾 50 千克（合 73.3 千克/亩），在土壤消毒处理之后，深翻约 30 厘米，适当晾晒、碎土、整平后开沟做畦。开沟时先从温室西侧开始，每隔 0.7 米，南北向挖 1 条深、宽各 40 厘米的沟，沟内均匀撒施鸡粪和牛粪各 5 米^3（计合 14.7 米^3/亩）、磷酸二铵和硫酸钾各 25 千克（合 73.3 千克/亩）并回土混匀做畦，畦式为瓦垄畦、高 20 厘米，小行宽 40 厘米、大行宽 70 厘米。

2. 技术点评

黄瓜的日光温室越冬生产具有生育期长、植株生长量大、黄瓜产量高和冬季低温等特点，在生产中要注重有机肥的使用，尤其是较为贫瘠的土壤。中国蔬菜栽培学载明："生产 1 000 千克商品瓜约需氮 2.8～3.2 千克、五氧化二磷 1.2～1.8 千克、氧化钾 3.6～4.4 千克。"三要素养分总计需 7.6～9.4 千克（折均数为 8.5 千克），按照李德成 26 654 千克/亩的产量，理论上需三要素总量 227 千克/亩，根据土壤养分检测，地块 20 厘米耕层含三要素（碱解氮、有效磷、速效钾）85 千克/亩。生产中，李德成施用有机肥 35 米^3（合 51.3 米^3/亩）、化肥 100 千克（合 146.5 千克/亩），折合纯养分（氮、五氧化二磷、氧化钾）183 千克/亩，已达到了理论所需总养分。可以看出，在土壤较为肥沃的情况下，其底肥用量明显偏大，果类蔬菜创新团队岗位专家王铁臣连续 5 年对北京地区日光温室越冬生产有机肥用量与产量的关系进行了调查，见表 13-1，结果表明，在亩用量 0～25 米^3 时，随着有机肥用量的增加、产量明显提升，当有机肥用量达到 20～25 米^3 时，产量达到最高，其后产量呈下降趋势，当亩用量达到 30 米^3 以上时，仍会进一步促进高产，但有机肥产出率显著下降，所以，在日光温室越冬黄瓜生产中，有机肥用量以 20～25 米^3 为宜，不宜盲目加大有机肥投入。

黄瓜对总养分的需求，初瓜期约占总需肥量的10%左右，从李德成的土壤养分来看，土壤中碱解氮、有效磷、速效钾养分含量已足够黄瓜前期养分所需，没有必要增施大量的化肥底肥，在不考虑土壤养分的前提下，可基施化肥70千克/亩（复合肥40千克、磷酸二铵20千克、硫酸钾10千克）。

表13-1　2008—2012年北京日光温室越冬黄瓜基施有机肥与产量关系调查情况

用量范围 米^3/亩	点次	棚室面积（亩）	有机肥平均用量（米^3/亩）	平均亩产（千克）	有机肥产出率（千克/米^3）
0～5	5	3.3	2.4	6 565.0	2 681.2
5.1～10	23	18.5	8.4	9 472.1	1 125.1
10.1～15	14	14.1	13.6	12 998.9	957.5
15.1～20	13	11.7	18.9	15 413.5	815.8
20.1～25	9	8.0	23.8	16 915.5	711.4
25.1～30	7	6.5	28.6	15 303.3	535.3
30以上	7	5.6	34.4	18 576.3	540.5

八、土壤消毒

1. 基本情况

上茬叶菜采收后浇一次大水，随水冲杀虫剂（敌敌畏5瓶），撒施基肥和福气多3袋、多菌灵（100克）10袋，土壤见干后，用耕耘机深耕碎土平整，用旧棚膜全部掩盖，封棚直至定植前10天，揭膜开棚放风，开沟做畦。定植前2天烟剂熏棚。

2. 技术点评

温室已生产应用7年，由于连年生产，土壤中病原菌富集、在环境条件适宜时会引发病害，根区土壤微生物失衡、土壤理化性状恶化，会导致地块生产能力下降，而在下茬生产前，对土壤进行消毒处理，能够有效杀灭土壤中的病原菌和害虫虫卵，减少生长期土传病虫害的发生。

土壤消毒技术商业化应用半个多世纪以来，已经成为国外广泛应用的一种高效土壤病虫草害防治技术，在国内各种土壤消毒技术也逐步得以应用，包括太阳能、蒸汽、热水、火焰、臭氧等物理消毒技术，氯化苦、威百亩、棉隆、多菌灵、百菌清、福尔马林等化学药剂消毒技术以及辣根素（主成分异硫氰酸烯丙酯）生物熏蒸技术等。土壤消毒技术的专业性较强，有些方法需要专用设备，有些方法要求具有严格的安全防护措施，需专业消毒公司操作。

九、定植时期

1. 基本情况

本茬生产中，李德成于 2009 年 10 月 17 日播种接穗，10 月 21 日播种砧木，11 月 7 日嫁接，11 月 18 日定植，于 12 月 23 日开始采收，2010 年 8 月 8 日拉秧，采收期 222 天，株高 11.9 米，节间数 121，单株结瓜 56 条。

2. 技术点评

适期播种与定植不仅决定着黄瓜采收上市的时间，而且对于黄瓜植株是否能够顺利越过严寒季节起着重要的作用。若播种育苗过早，嫁接秧苗培育正处于高温时期，不易形成壮苗，定植后冬前期生长量过大、易早衰，在严寒季节越冬困难；而定植过晚，定植期容易遭受低温寡照天气影响而不利缓苗。北京市农业技术推广站结合黄瓜生长发育特点及新发地市场 10 多年来黄瓜价格走势，在综合分析 2008—2012 年各示范点高产经验的基础上，提出北京郊区日光温室越冬黄瓜生产的适宜定植期为 10 月下旬至 11 月上旬，经实践和统计分析证明该推荐期是科学的（图 13－1）。

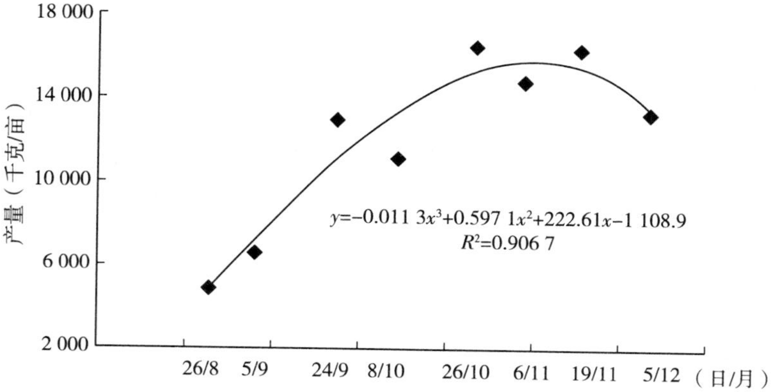

图 13－1　温室越冬黄瓜定植期与产量的关系

（来源于北京 2008—2012 年各示范点调查数据）

十、地表覆盖

1. 基本情况

本茬越冬黄瓜生产，李德成于 2009 年 11 月 18 日定植，12 月 10 日选用厚度 0.02 毫米的黑色地膜进行栽培畦的覆盖，并于大行沟间铺撒稻壳。

2. 技术点评

地膜覆盖栽培是越冬日光温室喜温果菜生产的一项关键技术措施，既可以起到抑草的作用，又可以提高地温、降低棚室空气湿度。但地膜的覆盖应结合栽培茬口具体的气候条件进行。本茬生产正处于秋末冬初，而棚内正处于秋季，棚室内温光条件适宜黄瓜的生长发育，不存在低地温影响黄瓜定植缓苗的问题，相反在定植时覆盖地膜还容易造成根系温度过高；同时由于覆盖地膜后土壤水分以虹吸作用上迁，不利于黄瓜根系的生长和发育。李德成充分注意到这一点，于吊蔓前才进行地膜覆盖，但他在地膜种类的选择上有待商榷，黑色地膜能有效抑制杂草生长，却增温性能差，在冬季生产，地膜以无色透明为好，对于提高土壤温度效果较为明显。同时为了降低棚室空气相对湿度，他还在大行沟间铺撒稻壳吸湿，值得借鉴和推广。

十一、定植密度

1. 基本情况

李德成在生产中采用小高畦大小行方式定植、吊蔓栽培，大行距 80 厘米、小行距 30 厘米，株距 35 厘米，亩密度 3 463 株。

2. 技术点评

亩种植密度、单株结瓜数和单瓜重量是形成群体产量的 3 个关键因素，低密度不易获得高产，但冬季温室栽培条件下光照条件本身不好，密度过高不利于通风透光，因此选择合适的栽培密度至关重要。通过连续 5 年北京地区日光温室越冬黄瓜栽培密度的调查（表 13 - 2），综合分析结果显示，3 000～3 500 株/亩为较为适宜的密度范围，从调查样本来看，在 3 500 株范围内，随着密度的增加产量提升明显，当 3 000～3 500 株时达到最高产量，所以说，3 000～3 500株是该茬口黄瓜生产较为适宜的密度，当然高密度下也可获得高产，但对栽培技术水平要求更高。

表 13 - 2 2008—2012 年北京日光温室越冬黄瓜栽培密度调查情况

密度范围	点次	棚室面积（亩）	亩密度（株）	亩产（千克）	单株产量（千克）
4 001 株以上	11	10.8	4 181.1	14 551.7	3.48
3 501～4 000 株	15	12.8	3 787.6	11 995.6	3.17
3 001～3 500 株	36	31.2	3 297.8	15 122.6	4.59
2 501～3 000 株	10	8.59	2 747.4	11 860.5	4.32
2 500 株以下	8	6.4	2 162.2	5 331.4	2.47

十二、温度管理

1. 基本情况

2009 年北京冬季气温偏低、降水偏多。2010 年 1 月最低气温连续 11 天处于−10℃以下，这是自 1978 年以来首次出现这种情况，在 1 月 6 日出现了 40 年以来的极端最低温−16.7℃。在这样的气候条件下，李德成获得了冬季生产的成功并取得高产。主要做法如下：

（1）选用设施结构相对合理的日光温室用于越冬生产（前已述及）。

（2）温室保温技术落实到位。应用 PO 棚膜、选用加厚保温被、设置内置防寒沟、温室门口双层加厚门帘。

（3）应急增温技术。一是在温室南部 1/3 位置东西向拉设浴霸灯用以应急增温，设置间距 4 米、高度距植株生长点 50 厘米；二是严寒低温时间段的后半夜肩挑木炭在棚里流动增温，为防一氧化碳中毒，每走 1 趟出棚休息 10 分钟。

（4）经常擦洗棚膜保持较好的透光率。

（5）在做好上述工作的同时，他的日常管理也做到了精细化：①定植 3 天内高温闷棚，生长点温度控制上限 35℃；②定植 3 天后适当降温，白天室内温度达到 32℃打开顶风口放风，温度降到 25℃关风口，使早上棚内温度达到 12～13℃，若早上棚温高于 12～13℃，则同样天气下适当晚关风口，当早上棚温低于 11～12℃，加盖保温被；③进入冬季，白天尽量提高棚温、生长点温度控制上限 35℃，温度进一步升高时中午短暂放风；下午 22～25℃放下保温被，确保早上棚温不要低于 10℃；早上棚温 13℃时及早放晨风；④利用晴天浇水后高温闷棚蓄热。

2. 技术点评

黄瓜是典型的喜温性作物，白天光合作用的适温为 25～32℃，夜间适温为 15～18℃，低于 10～12℃常导致生理活动失调，5～10℃就有寒害发生的可能，长期处于 5℃左右的低温下会发生一系列生理障碍；同时黄瓜对地温反应较为敏感，地温低于 8℃以下时根系不能伸长，低于 12℃以下时根系生理活动受阻，根毛发生的最低温度是 12～14℃，最适地温为 25℃左右。所以加强温度管理是冬季温室黄瓜生产的关键环节，该示范户在这方面做得很到位（需要指出的是“肩挑木炭在棚里流动增温”具有一定的危险性），即便 2009—2010 年冬季是严冬，温室的温度效果也比较理想，据监测，冬季 9 旬中（2009 年 12 月—2010 年 2 月）棚室最低气温均在 5℃以上，且 8℃以上的日数达到 87.8%，最低地温均在 13℃以上，有 81.2%的日数在 15℃以上。在最为严寒的 1 月，植株株高日均生长量为 1.31 厘米，整个生产过程中没有出现严重的低温障碍。

十三、水肥管理

1. 基本情况

定植时浇透水，一周后浇缓苗水，12 月 23 日开始采收，根瓜采收后一周即 12 月 30 日开始第一次随水追肥，之后视天气情况进行水分管理，基本原则是在连续 2～3 个晴天头上的上午浇水，整个生育期累计浇水 17 次（含定植水）、用水量 354 米^3（合 506 米^3/亩）；追肥 13 次、棚施硫酸钾 110 千克（合 157.1 千克/亩）、磷酸二铵 8 千克（合 11.4 千克/亩）。

2. 技术点评

黄瓜是水肥需求量较大的蔬菜作物，合理的管理策略和适宜投入量是获得高产的基础。在田间灌溉上，李德成能够根据该生产茬口的环境特点和黄瓜生长发育的水分需求进行水分管理，在灌溉时间的把握上，是在阴尾晴头进行灌溉；在灌溉频次上，为了避免频繁浇水对地温的影响，在 12 月至翌年 2 月北京最为寒冷的 3 个月里，每月仅灌溉 1 次，随着气温的回升、土壤蒸发和植株蒸腾量加大，灌溉频次逐渐加大到 2～4 次/月；在肥料管理方面，虽然肥料投入偏大，但在肥料施用策略上是较为科学与合理的，首先认识到有机肥对改良土壤、提高地温的作用而重视有机肥的投入，其次考虑到冬季灌溉次数少而重视基肥的使用，再次在追肥方面重视钾肥的投入。

由于水肥管理策略较为合理，采取了膜下暗灌和行间覆盖及嫁接栽培等节水措施，在取得高产的同时，水肥生产效率也较高：平均每立方米水产出黄瓜 52.7 千克，每千克化肥（含基施化肥）产出黄瓜 84.6 千克，每立方米有机肥产出黄瓜 519.6 千克。有研究表明，地膜覆盖可降低土壤蒸发量 69.33%，秸秆覆盖可降低 51.03%，嫁接栽培可提高水分的有效利用，不同茬口嫁接黄瓜的蒸腾量比自根黄瓜的蒸腾量分别高 4.0%～15.3%。

十四、其他管理

1. 中耕松土

中耕松土是黄瓜高产栽培中重要的一项农艺措施，既可保持地表疏松干燥、降低空气相对湿度，减少病害的发生，又可避免土壤板结，改善土壤的理化性状，增加土壤的透气性，促进根系的生长，还可以提高土壤蓄热能力从而提高地温。李德成能够充分认识中耕松土的积极作用，并在生产中加以应用，如为了促进缓苗，在定植后第四天（土壤见干时）进行第一次中耕，浇过缓苗水后进行第二次中耕，以促进根系生长；此后在生长中期（严寒冬季）还于大行间翻土深松至少 1 次。

2. 生根粉灌根

为了促进根系的健壮生长，李德成在采取嫁接育苗、中耕松土、缓苗后再扣膜等措施的同时，还结合缓苗水冲施生根粉灌根。

3. 喷施叶面肥

在缓苗后喷施“绿叶天使”叶面肥，两天后喷施第二次；采收期结合植保喷药应用。

4. 二氧化碳施肥

二氧化碳为植物进行光合作用所必须，大量的研究表明，保护地内补充二氧化碳加速了作物的生长和发育，使作物熟性提前、产量增加，在黄瓜生产中，一般每形成1千克黄瓜产品约需二氧化碳50克，而大气中二氧化碳的浓度一般为330毫升/升，远远不能满足黄瓜生长发育的需要，同时由于冬季温度低，温室通气少，室内二氧化碳经常处于亏缺状态。为了补充棚室二氧化碳气体，李德成于黄瓜开花期在棚内悬吊吊袋式二氧化碳发生剂，悬挂于作物生长点上方0.5米，按“之”字型均匀吊挂，用量20袋（合28袋/亩）。

5. 植株管理

（1）吊蔓。中耕覆膜后及时吊蔓，以防秧苗倒伏在地膜上灼伤。

（2）整枝。疏除基部瓜纽，5节以下不留瓜；及时疏除侧枝，以主蔓结瓜为主；开花坐果期间商品瓜的采收要及时，注意疏除畸形瓜。

（3）落秧。当黄瓜生长到龙头（植株生长点）高于悬吊铁丝15～20厘米时及时落秧绕蔓，以防龙头（生长点）下垂（绕蔓时易折断），落秧前根据植株总体叶片量和叶片老化病害程度进行打叶操作，但一般保证植株具有15～16片叶片；落秧在晴天上午10时至下午15时进行，此时植株茎蔓柔韧性较好以避免折断，落秧时将吊绳上部松开，使黄瓜秧自上而下盘旋下落，落蔓高度可因温室屋面高度和栽培条件而定，但不能一次性落得过低，要保证基部叶片离地；落蔓结束后，集中喷1次50%多菌灵可湿性粉剂600倍液，可避免因操作时植株茎叶损伤或人为接触而侵染各种病害。

第二节　日光温室番茄2.5万千克生产技术

北京大兴区礼贤镇东段家务村张月强连续多年在果菜团队组织的高产高效创建中获得一等奖，继2012—2013年获北京市日光温室冬春茬番茄高产高效竞赛第一名后，2013—2014年再创新高，突破北京市日光温室周年生产番茄的产量历史记录，每亩产量达26 083千克。

在总结两年成功经验的基础上，示范点通过生长前期高密度栽培和应用多项新技术，以及引进国内外先进的生产设备，不仅成功应对了北京地区冬春季的雾霾天气，而且获得了新的突破。张月强的日光温室番茄于 2013 年 10 月 17 日定植，2014 年 1 月 30 日开始采收，8 月 3 日采收结束，采收期长达 6 个月（图 13－2）。每亩实际产量 26 083 千克，产值 122 674 元，产量、产值居北京市首位。

图 13－2　张月强在温室中采收番茄

一、选用优良抗病品种

北京地区日光温室冬春茬生产番茄的播种期在 8 月，正值番茄 TYLCV 高发时期，为防止病毒病发生，生产上选用抗 TYLCV 的番茄品种迪安娜和粉妮娜。

迪安娜是由以色列引进的抗 TYLCV 的早熟粉果番茄（图 13－3），无限生长，生长势强，果实硬，耐贮运，萼片平展、美观，连续坐果能力强，平均单果质量 220～260 克，抗病能力强，适合秋延迟、越冬栽培。

图 13－3　迪安娜田间长势

粉妮娜是由荷兰引进的大粉果番茄一代杂种（图 13－4），无限生长型，中早熟，植株生长势强，不早衰，连续坐果能力强。果实圆球形，果面光滑，着色一致，大小均匀，幼果无绿肩，成熟果粉红色，单果质量 280 克左右。产量高，商品性佳。皮硬肉厚，果硬，不裂果，货架期长，耐贮运。适应性强，耐热、耐寒、耐弱光。高抗 TYLCV、番茄花叶病毒病，抗叶霉病和枯萎病。

图 13-4 粉妮娜田间长势

二、应用番茄嫁接技术

番茄嫁接是设施番茄生产中重点推广的新技术。采用野生番茄作砧木，嫁接后的番茄植株根系发达，具有抗逆性强、生长势强等优点，可有效防止根结线虫等土传病害的发生，据田间调查，嫁接后的番茄对近年发生的番茄黄化曲叶病毒病有一定的抗性，产量可提高 20%以上，增产增收效果显著。

砧木品种选择果砧 1 号，该品种是果菜团队岗位专家培育的番茄砧木品种，具有抗枯萎病、根结线虫等复合抗性，根系发达，生长势强，与接穗亲和力好。砧木与接穗同时播种，当砧木、接穗 5～6 片真叶时达到了嫁接的最佳时期，采用贴接法嫁接。该嫁接方法操作简单，嫁接速度快，嫁接创面大，有利于缓苗，嫁接成活率高，可达 95%左右。

三、重施底肥，合理密植

1. 整地做畦，施足底肥

定植前对棚室进行彻底消毒，以避免或减轻棚室蔬菜病害的发生。棚室消毒后施底肥，每亩施用腐熟稻壳鸡粪 35 米^3、复合肥（N-P-K 为 16-14-20）50 千克、微生物菌剂 60 千克。铺施肥料后旋耕 2 遍，深翻 30 厘米。定植前整地做畦，做成小高畦，大行距 80 厘米，小行距 60 厘米，畦高 20 厘米。采用膜下滴灌的节水灌溉方式。

10 月 17 日，当嫁接番茄苗的苗龄达到四叶一心，及时进行定植，并采用高密度栽培，因为 10 月中旬定植的番茄翌年 1 月底可进入采收期，正值春节前后，番茄价格较高，所以生长前期采用高密度栽培可获得较高收益。高密度栽培行距 70 厘米，株距 20 厘米，每亩种植 4 764 株，种植密度比常规种植（每亩种植 3 000 株）增加了 58.8%。当番茄第 2 穗果果实核桃大小时进行换头管理，打破番茄顶端优势促进果实发育。1 月 30 日至 3 月 10 日为番茄第一穗果至第三穗果采收期，当第三穗果采收结束后去弱留强，将番茄弱株去除，番茄种植密度降到 3 350 株/亩，仍比常规种植密度高 11.7%（图 13-5）。

图 13-5　番茄田间长势

2. 及时落秧，促进番茄后期生长

番茄第六穗果采收结束后要及时进行落秧，4 月 6—16 日为番茄的落秧期，这时每亩番茄的采收产量为 14 286 千克，占总产量的 54.77%。落秧后再次坐果 8 穗，5 月 24 日开始采收第八穗果，截至 8 月 3 日采收结束，落秧后每亩产量为 11 797 千克，占总产量的 45.23%。

四、田间水肥管理

番茄整个生长期使用膜下滴灌进行浇水追肥。全生育期浇水 22 次，共需水 405 米^3；追肥以速效性钾肥为主，主要用氮磷钾含量为 20-20-20 和氮磷钾含量为 9-12-40 的复合肥进行交替施用，全生育期共追肥 20 次，总追肥量为 158.5 千克。

冬季棚内的二氧化碳浓度比较低，为加强光合作用，11 月至翌年 4 月进行二氧化碳施肥，采用吊袋式方法，每次每亩使用 20 袋。吊袋放在棚的中间位置，离植株生长点高 50 厘米，每 30 天更换 1 次。

番茄中后期进行叶面追肥，可叶面喷施 0.3%磷酸二氢钾，注意要在上午进行喷施。1 月初至 2 月中旬温度较低，这一段时间尽可能少浇水，以免降低地温和棚室气温。

五、通风和温度管理

日光温室周年长季节栽培番茄，适宜的日平均温度为 18～20℃，其中白天温度为 25～30℃，夜间最低温度不低于 8 ℃。进入冬季，白天温度维持 25～30℃的时间越长越好，清晨根据外界情况适当放风 20～30 分钟，随后将风口关闭，早晨放风风口不宜过大（图 13-6）。温度高于 32 ℃再逐渐通风，当温度下降到 30℃时关闭风口，下午室内温度下降到 20℃时盖上保温被，使夜间温度维持在 15℃左右，并保证室内早晨最低温度在 8℃以上。进入 5 月到采收结束要进行降温管理，使用棚膜外覆盖移动式遮阳网，晴天 10：00—15：00进行遮阳降温管理，阴雨天不盖遮阳网。

图 13-6　田间通风管理

六、应用新技术、新设备促高产

1. 应用新型棚膜和保温被双层覆盖

日光温室越冬长季节生产对棚膜和覆盖物要求很高，示范点使用近年来推广的日本 PO 膜，具备透光性好、保温性好、升温快等突出优点。同时采用双层保温棉覆盖，保证了低温季节棚内最低温度在 8℃以上，确保番茄不会因冷害而影响生长。

2. 应用秸秆反应堆技术提高地温

秸秆反应堆技术近年在冬季日光温室生产中应用效果显著，可提高地温 3～4℃，同时也增加了室内二氧化碳的浓度，保证了日光温室越冬蔬菜在冬季能够进行正常生长。将秸秆铺设于开好的定植沟内再覆土进行垄上种植，每亩需要玉米秸秆 4 000 千克、秸秆生物发酵沟专用菌曲 8～10 千克。

3. 应用增温增肥燃料临时加温

遇到极端低温天气，必须采取增温措施。可采用日光温室增温增肥燃料，每次每亩使用增温块 8～10 块，可提高室温 2～3℃（图 13-7）。

图 13-7　增温块加温

4. 应用LED补光灯技术

冬春季的雾霾天气严重影响越冬蔬菜的正常生长，因此必须为蔬菜进行补光。LED补光灯作为补充光照，可以延长有效照明时间。LED补光灯的蓝色光有利于植物叶片生长，红色光有利于植物开花与结果。调查结果显示，LED补光灯下的番茄植株不仅长势要明显好于没有补光灯照射的区域，而且提高了坐果率和单果质量，增产9.15%（图13-8）。

图13-8 LED补光技术

5. 应用温室电除雾促生设备

温室电除雾设备（图13-9）可净化温室空气并有效去除雾气，降低棚室湿度。该设备通过空间电场作用达到促生防病的作用，同时有效预防气体病害，抑制根系周围土传病害，并可提高蔬菜耐受连阴天的能力，减少农药使用量。

图13-9 温室电除雾设备

6. 应用熊蜂授粉技术

熊蜂授粉技术在番茄生产上已广泛应用（图13-10）。熊蜂授粉是自然授粉，不受植株高度、时间和日期的限制，节省劳动成本，减少人工授粉工作量和劳动强度。更为重要的是可以避免激素处理带来的化学污染问题。每箱蜂可为 700～800 米^2 大番茄授粉，相比人工激素授粉，熊蜂授粉产量提高 10%以上，销售价格比常规的番茄每千克高 0.3～0.4 元，能够改善果实品质，有利于安全蔬菜的生产。

图 13－10　熊蜂授粉

7. 应用果穗柄防折环

果柄防折夹是果菜团队由国外引进的新技术，安放果穗柄防折环，既可起到加固果柄、防止弯折的作用，又可以保证营养和水分的顺畅运输，提高单果质量和产量（图 13－11）。通过田间测产使用果柄防折夹的番茄增产在 10%左右。

图 13－11　果穗柄防折环

8. 番茄落蔓夹

长季节栽培的番茄，生长周期长，植株高度比棚室高度要高，生长期间需落秧，落秧工作烦琐且不便于操作，番茄落蔓夹操作使用方便，成本低，可重复使用 3 年。番茄落蔓夹（图 13－12）是果菜团队由国外引进的新技术，此项技术的推广不仅减轻了农民的劳动强度，而且解决了植株生长过程中落蔓的难题，对提高作物产量起到促进作用。

图 13-12　番茄落蔓夹

9. 病虫害防治

定植后应用物理防虫技术，及时将风口处覆盖防虫网，并在棚内悬挂黄板，黄板规格为 25 厘米×40 厘米，每亩悬挂 30 张左右。从定植到采收按照"预防为主，综合防治"的植保方针进行管理，由于采用多项配套新技术，番茄全生育期没有明显病虫害发生，长势旺盛。

第三节　连栋温室番茄 40 千克/米^2 生产技术

北京宏福农业园区位于北京市大兴区庞各庄镇北曹各庄村，公司有 5 公顷（75 亩）现代化连栋温室和 0.6 公顷（9 亩）配套区于 2016 年 12 月落成投产。温室东西长 305 米，南北宽 164 米，脊高 7.5 米，天沟高 6.5 米，单跨 8 米；栽培槽长 80 米，槽间距 1.6 米。温室屋面覆盖浮法玻璃，侧墙维护中空 PC 板；温室内部配有内遮阳幕布、内保温幕布、侧保温幕布、立体加温系统及蓄热罐、二氧化碳回收利用系统、高压喷雾系统、垂直环流风机等。通过荷兰 Priva 环控系统，可对温室内的温度、湿度、光照、二氧化碳浓度、水肥等做出精准监测和调控。另外，园区机械化程度高，省力机械多样，配备了自走式玻璃清洗机、轨道车、采摘车、自走式施药机、自行牵引车等。

2016—2017 年茬口，于 2016 年 10 月 9 日播种，12 月 9 日定植，定植密度为 3.75 株/米^2；2017 年 8 月 2 日拉秧，全生育期 297 天，采收 22 穗果；产量为 41.4 千克/米^2，亩产值达到 25 万元，处于国内领先水平。现将其高产关键因素介绍如下：

一、品种选择及茬口安排

根据市场需求及气候特点，选择无限生长型、连续坐果能力强、高产、优质、抗病性较强的番茄品种，对于植保压力小的园区，可适当降低对品种抗病性的要求。栽培茬口方面，连栋温室番茄工厂化多选择周年生产。北京及周边地区多为越冬一大茬生产，一般在 8 月上旬开始播种育苗，10 月上旬第 1 穗花开放 10%左右时定植，翌年 7 月拉秧。对于硬件设施比较好的园区，在能够保证幼苗良好生长的情况下，也可在 7 月中旬前后开始播种育苗。

2016—2017 年茬口，选用品种为 Kalavaro（安莎），单果重 150～200 克，连续坐果能力强，具有获得高产的潜能。

二、基质选择

穴盘苗时期采用 72 孔穴盘，可选用草炭、珍珠岩体积比为 3∶1 的复合基质，播种后用蛭石（粗蛭石、细蛭石体积比为 1∶2）覆盖。番茄苗嫁接成活后，将幼苗分苗移栽至椰糠块（规格为长×宽×高=10 厘米×10 厘米×7 厘米）。栽培基质可选用椰糠条（粗椰糠、细椰糠体积比为 3∶7），椰糠条单位面积基质量约 10 升/米^2，长度可根据需求定制，一般长 90～120 厘米。

三、水肥管理

连栋温室番茄工厂化生产以高标准水肥一体化硬件系统为基础，在不同的天气、季节、生长阶段，通过对水肥的精准化调控，使作物处于最佳生长状态。

1. 营养液配方

营养液母液（多为 100 倍液）一般分为 A 液、B 液。两种母液常用肥料如表 13-3 所示。

表 13-3　番茄工厂化生产常用肥料

母液	肥料	有效成分	摩尔质量（克/摩尔）
A 液	Fe-DTPA（6%）	Fe≥6%	55.8
	硝酸铵钙	$5Ca(NO_3)_2 \cdot NH_4NO_3 \cdot 10H_2O$	1 080.7
	硝酸钙	$Ca(NO_3)_2 \cdot 4H_2O$	236.2
	硝酸钾	KNO_3	101.0
	氯化钙	$CaCl_2$	111.0
B 液	磷酸二氢钾	KH_2PO_4	136.1
	硫酸镁	$MgSO_4 \cdot 7H_2O$	246.5
	硝酸钾	KNO_3	101.0
	硫酸钾	K_2SO_4	174.3

（续）

母液	肥料	有效成分	摩尔质量（克/摩尔）
B 液	硫酸锰	$MnSO_4 \cdot H_2O$	169.0
	硼砂	$Na_2B_4O_7 \cdot 10H_2O$	381.4
	硫酸锌	$ZnSO_4 \cdot 7H_2O$	287.5
	硫酸铜	$CuSO_4 \cdot 5H_2O$	249.7
	钼酸钠	$Na_2MoO_4 \cdot 2H_2O$	242.0

无土栽培中需根据植株生长时期、生长状态、排液成分分析等不断调整营养液配方。不同时期营养液配方调整如表 13－4 所示。

表 13－4　北京宏福农业园区工厂化番茄不同时期营养液配方

单位：毫摩/升

时期	NO_3^--N	NH_4^+-N	P	K	Ca	Mg	S	Cl	Mn	Zn	B	Cu	Mo	Fe
出苗—定植	16.70	1.20	1.48	8.97	8.54	3.49	5.50	5.05	0.003 0	0.002 9	0.079 2	0.001 5	0.000 6	0.032 3
初花—转色	18.99	0	1.32	9.06	8.58	1.83	2.97	3.60	0.042 9	0.003 5	0.072 0	0.000 7	0.003 7	0.037 1
采收前期	18.99	0	1.84	13.31	8.58	1.62	4.63	3.60	0.023 7	0.007 0	0.108 4	0.001 0	0.007 4	0.069 8
采收中期	17.65	0	2.76	15.62	8.15	1.62	5.58	3.60	0.033 4	0.009 6	0.129 0	0.001 4	0.003 7	0.064 5
采收后期	17.00	0	1.60	12.55	6.85	2.75	3.47	3.00	0.030 0	0.010 1	0.087 7	0.001 0	0.001 0	0.053 6

2. 营养液 pH 和 EC 值管理

工厂化番茄生长最适营养液 pH 为 5.0～6.0（一般设置为 5.5），此范围内最有利于植株根系吸收各类营养物质。营养液的 pH 常通过直接加酸（HNO_3、H_3PO_4）或碱（KOH）来调节，也可在保证氮元素总量不变的情况下，用适量 NH_4^+ 代替 NO_3^- 来降低植株根际的 pH。

工厂化番茄在不同季节和不同生长阶段适宜的营养液 EC 值有所不同。播种至出苗阶段灌溉清水即可，出苗至嫁接阶段，营养液 EC 值可提高至 1.2～1.5 毫秒/厘米；嫁接前 1～2 天浇透水，嫁接后愈合期间基本不浇水；嫁接成活至分苗阶段，营养液 EC 值保持在 1.2～1.5 毫秒/厘米即可。分苗到椰糠块之后，将营养液 EC 值提高至 1.5～2.0 毫秒/厘米。对北京宏福农业园区番茄定植后的灌溉液 EC 值进行了持续监测（表 13－5），生产上可用作参考。

表 13-5　北京宏福农业工厂化番茄不同时期营养液 EC 值

时期	EC 值（毫秒/厘米）	阶段特征
定植至第一穗果转色	2.8	幼苗逐渐长成成株
采收前期	3.3	低温弱光期
采收中期	3.2～2.6	植株密度增加，叶面积指数增加；温光条件转好，蒸腾增强。EC 值由 3.2 毫秒/厘米逐渐降至 2.6 毫秒/厘米
采收后期	2.4	气温高，蒸腾强，EC 值维持在较低水平

3. 灌溉量

工厂化番茄在不同生长阶段和天气条件下，每天所需的灌溉量有所不同。荷兰经验认为，温室内光照辐射每积累 1 焦耳/厘米^2，成株期番茄日灌溉量应增加 3 毫升/米^2。灌溉量也可以根据排液量进行调整。一般来说，成株期番茄结束最后一次灌溉后，排液比例为 30%较为适宜。对北京宏福农业园区工厂化番茄的灌溉量进行持续监测，数据显示（表 13-6），从苗期至 5 月下旬摘心前灌溉量持续增加，樱桃番茄日灌溉量由每株 400 毫升增至 1 400 毫升，中型果番茄日灌溉量由每株 600 毫升增至 2 000 毫升；摘心后日灌溉量逐渐减少，樱桃番茄日灌溉量由每株 1 400 毫升减至 1 100 毫升，中型果番茄日灌溉量由 2 000 毫升减至 1 500 毫升。

表 13-6 北京宏福农业园区工厂化番茄不同时期日灌溉量

单位：毫升/株

时期	樱桃番茄	中型果番茄	时期特征
定植至第一穗果转色	400～500	600～700	由幼苗长为成株，叶片数增加
采收前期	500～700	700～900	低温弱光；叶片数稳定
采收中期	700～1 400	900～2 000	温光条件转好；植株密度增加
采收后期	1 400～1 100	2 000～1 500	摘心，打老叶，叶片数减少

4. 灌溉时间及频率

一般在日出后 2 小时开始第一次灌溉，日落前 2 小时结束灌溉，阴天适当提前结束灌溉。番茄成株期灌溉频率可根据光辐射量来调整，理论认为光照每累计 80～100 焦耳/厘米^2 需灌溉 1 次，每次每株灌溉 80～120 毫升，各时期灌溉频次如表 13-7 所示。

表 13-7 工厂化番茄不同时期灌溉频次

时期	日均灌溉次数	晴天灌溉次数	阴天灌溉次数
初花至第一穗果转色	4.3	4.9	2.5
采收前期	5.3	6.3	4.2
采收中期	8.3～24.0	20.0	8.7
采收后期	14.8	17.4	8.1

5. 排液管理

工厂化番茄从定植至第一穗果采收，一般要求排液比例应由 0 逐渐提高至 30%。番茄成株期，正常情况下排液比例在 30%左右，合理的排液量有利于将番茄根际的 EC 值、pH 和空气含量维持在适宜范围内。一般排出液 pH 在 5.0～6.0 时，根际各养分有效性较高；排出液 EC 值受灌溉策略（灌溉液 EC 值、排液比例等）影响较大，多数情况下不超过 6.0 毫秒/厘米，对于樱桃番茄，适当提高排出液 EC 值（6.0～8.0 毫秒/厘米）有助于提升果实品质。

四、环境调控

连栋温室番茄工厂化生产中的环境调控尤为关键，主要涉及对温度、光照、湿度、二氧化碳浓度等的调控。在不同季节和天气条件下，可通过管道加温、幕布保温、风口开闭、环流风机、高压喷雾、幕布遮阳、二氧化碳增施等多种措施，将室内环境调节到适宜番茄生长的最佳状态。

1. 温度管理

温度调控是番茄工厂化生产中环境调控的核心。番茄定植之后，一般采取“三段式”温度调控策略，即白天温度（18～28℃）、前半夜温度（12～18℃）、后半夜温度（16～19℃）。根据植株的长势，在减少能源投入的基础上，通过调整各阶段温度的高低和各阶段的时间长短可以实现植株生长的平衡。

2. 光照管理

番茄为喜光作物，生长发育需充足的光照，其光合作用的光饱和点为 70 000 勒克斯（875 瓦/米^2），光补偿点为 2 000 勒克斯（25 瓦/米^2）。番茄生长理想的光照条件为平均日照时数 12～14 小时，光照强度 30 000～35 000 勒克斯（500～625 瓦/米^2）。荷兰经验认为，在光饱和点以内，光照增加 1%，产量将提升 1%。北京地区工厂化番茄越冬茬口，从 9 月下旬至 11 月上旬，光照逐步减弱；11 月上旬至翌年 2 月上旬，最大光照强度不足 500 瓦/米^2，且日照时长短，光照不足；2 月中旬之后，光照逐步增强。在 11 月上旬至翌年 2 月上旬弱光期，应定期对温室屋面进行清洗，以提高透光率；另外，可适当减少留果数和叶片数以平衡植株生长。

3. 湿度管理

温室内湿度主要通过开关风口、高压喷雾等措施进行调节。低温期间也可利用加热管加温来降低植株间的湿度，降低病害发生概率。在番茄生育期内，温室内日平均气温在16.2～25.5℃时，相对湿度维持在60%～85%较有利于植株生长。

4. 二氧化碳浓度管理

适当提高二氧化碳（CO_2）浓度可有效提高植株的光合作用效率，促进有机物积累，增加番茄产量。北京宏福农业园区通过CO_2回收利用系统，将白天燃气燃烧生成的CO_2回收到温室内，以提高CO_2浓度，一般将CO_2浓度维持在400～800微升/升之间。在不需加温时期，可打开天窗将室外空气对流至温室内弥补CO_2浓度。

五、植株管理

番茄工厂化生产中的植株精细化管理操作要点，主要包括小苗龄嫁接和双头育苗、绑蔓、绕秧打杈、疏花疏果、打老叶、落蔓、留杈增密、摘心等。

1. 小苗龄嫁接和双头育苗

连栋温室工厂化番茄多采用嫁接育苗。由于种子价格较高，多采用双头育苗（子叶节或真叶节双头育苗）的方式来节约种子成本。

播种后15～17天，幼苗具有2片或3片真叶、茎粗2毫米时采用斜贴接方式进行嫁接。操作方法：于砧木子叶节下方、根系上方2厘米左右位置，刀片与茎呈30°削平滑斜面；于接穗子叶节下方或第一片真叶下方1厘米位置，刀片与茎呈30°削平滑斜面；选取合适直径（1.6毫米、1.8毫米、2.0毫米、2.5毫米等）嫁接夹进行套管贴接，确保接穗切口与砧木切口紧密贴合；嫁接完成后将嫁接苗置于愈合室；嫁接3天后逐步通风透光，第六天可全光照锻炼，第七天可将嫁接苗移栽到椰糠块。

移栽后2～3天幼苗根系伸展，在子叶节或第二片真叶节上方1厘米左右位置剪去顶端，以培育双头苗。摘心后15天、两侧枝长10厘米左右时，插竹签支撑双头并引导双头长势。待第一穗花开放10%左右时将幼苗定植到椰糠条上。

2. 绑蔓

在番茄株高30～40厘米时绑蔓吊秧。在番茄茎秆上紧贴叶柄下方位置采用“8”字扣的方式系吊绳，后期随着茎粗增加，系扣可解开，避免勒断植株。绑蔓时应避免损伤植株；绑蔓后吊绳应适当松弛，并向右适当倾斜，以引导植株长势，方便后续绕秧及落蔓。

3. 绕秧打杈

绑蔓后为保持植株直立生长，每周进行一轮绕秧打杈工作。绕秧时，顺时针将植株头部绕在吊绳上；绕秧后打掉生长点附近的多余侧枝，以减少养分消耗及植株间遮光。打杈应从侧枝基部清除，以利于伤口愈合，降低病害风险。若植株营养生长比较旺盛，也可在绕秧打杈后掐除顶部花穗对侧的 1 片小叶。

4. 疏花疏果

进入开花坐果期后，每周进行一轮疏花疏果工作。掐除多余花朵、小果、畸形花、畸形果、花前枝、花前叶、双穗花等，以减少养分消耗，保证果穗均匀整齐。一般大型果（单果质量 200 克以上）每穗留 3～4 个果，中型果（单果质量 100～150 克）每穗留 4～6 个果，小型果（单果质量 10～20 克）每穗留 12～16 个果。具体留果数量应根据植株长势、环境变化动态进行调整。另外，一般花穗末端花朵商品果率低，即使花穗的花量不够，也应将末端的 1～2 朵花疏除，以减少养分消耗。

5. 打老叶

正常情况下，番茄植株每周会长出 3 片叶左右，而番茄成株的功能叶片适宜数量为冬季 9～11 片，夏季 13～15 片。为维持合理的功能叶片数量，利于植株下部通风透光，同时减少养分消耗及病害发生，需每周进行一轮打老叶工作，每轮打掉 2～3 片老叶。打叶时应使用专用刀具，紧贴叶柄基部打掉叶片，以利于伤口愈合，降低病害感染风险。

6. 落蔓

进入采收期，为便于绕秧打杈、疏花疏果、打老叶、采果等工作，每周进行一轮落蔓，落蔓高度 20～40 厘米。落蔓时应避免扭裂或折断茎蔓，落蔓后植株生长点高度应处于同一水平，避免植株间相互遮光。

7. 留杈增密

北京地区连栋温室番茄定植后很快进入冬季，光照条件降低不利于植株生长，故初始定植密度较低，多为 2.5～2.9 株/米^2；翌年 2 月中上旬光照条件明显转好后可提前开始留杈增密，以最大限度利用光照条件，提高单位面积产出率。留杈时，选取顶部花穗下方第一片叶叶腋处的侧芽作为侧枝，其后续长势与主枝较同步。第一轮留杈增密可在 1 月中下旬进行，大型果或中型果番茄密度增至 3.3 株/米^2，樱桃番茄密度增至 3.75 株/米^2；第二轮留杈增密可在 3 月中旬前后进行，大型果或中型果番茄密度可增至 3.75 株/米^2，樱桃番茄密度可增至 4.4 株/米^2。具体留杈增密时间可根据植株长势和环境条件适当调整，但留杈增密工作尽量在拉秧前 4 个月内完成，以形成可观产量。

8. 摘心

在预计拉秧前 40～50 天摘心。在预留顶部花穗上方留 4～6 片叶，掐除生长点及多余花穗，以减少养分消耗。

CHAPTER 14

第十四章 果菜团队合作社支持的典型案例

第一节　北京绿富农果蔬产销专业合作社

蔬菜是都市居民的基本消费品，蔬菜又是北京农村的重要产业。近年来，北京市果类蔬菜生产正在实现由传统粗放型发展模式向新型技术密集型生产模式的转变，果菜团队如顺义蔬菜主产区的北京绿富农果蔬产销合作社，连续多年来支持合作社新型技术的采用，促进合作社的发展。

一、支持背景

目前北京果类蔬菜的设施种植经济收益显著高于露地种植，但果类蔬菜产业发展面临着本地劳动力成本的逐年攀升和可利用土地面积有限的问题制约，因此有必要探索新型的生产方式。工厂化生产是都市型现代化农业的发展方式，具有省工省力的优点；与传统生产方式相比，土地利用率和比较收益更高。

果类蔬菜团队在多年进行无土栽培和植物工厂等技术研发和试验示范的基础上，选择具有适度经营规模的北京绿富农果蔬专业合作社，对日光温室无土栽培的生产模式进行推广。该园区荣获国家级示范基地，是北京设施标准园，承担科技试验示范的任务，正处于由外延式发展转向内涵式提升的关键时期。

北京绿富农果蔬产销专业合作社成立于 2007 年 9 月，位于北京顺义区木林镇，种植面积达 2 000 亩，已建成蔬菜塑料大棚 100 栋，日光温室 600 栋。

在果类蔬菜团队的支持下，北京绿富农果蔬专业合作社生产基地 2014 年 8 月开始进行日光温室番茄工厂化生产的综合性试验，种植面积达 32 亩；2015 年继续进行相同的综合性试验示范；从 2016 年开始，果类蔬菜团队正式扶持绿富农合作社在王泮庄生产基地开展日光温室番茄无土栽培生产，将新型生产方式投入生产实践，实现了生产方式转型的初步探索。

二、具体内容

果类蔬菜团队支持北京绿富农果蔬产销专业合作社的工作，对于果类蔬菜的工厂化生产进行了一定规模的扩展。

北京绿富农果蔬产销专业合作社王泮庄基地占地达400亩，拥有日光温室100亩。2015年在该基地开展的日光温室番茄工厂化生产主要以岩棉、椰糠为栽培基质，采用自动灌溉设备进行水肥管理。具体来说，该基地共有15个日光温室投入番茄工厂化生产，总占地面积达30亩，占基地总面积的10%。

当年每栋温室的建设费用为160 000元，使用年限为15年；为了进行工厂化生产，棚内固定设备投资为每棚45 000元，棚间运输轨道建设投资为4 000元，棚内固定投资的使用年限为10年；在具体生产中，每个棚需要投入13 000元的生产资料费（包括棚膜、营养液、基质等）。

三、具体措施

果类蔬菜团队对绿富农果蔬产销专业合作社进行了工厂化生产支持，帮助合作社制订详细生产方案，依托生产基地，通过生产实践和试验相结合，不断探索和更新技术细节；发挥团队优势，对园区经济效益进行评价；深入生产实践，对生产中产生的具体问题进行指导。

1. 制订生产方案

果类蔬菜团队在北京绿富农果蔬产销专业合作社王泮庄生产基地开展日光温室番茄工厂化生产的试验工作。为了与该基地的实际生产情况进行更好的衔接，果类蔬菜团队为该基地制订了详细的种植方案，包括品种选择、种植茬口安排和面积、采用基质、栽培密度等工作，方案贯穿整个生产环节；并且根据基地实际生产情况，进行详细的进度安排（表14-1）。

表14-1　2015—2016年合作社日光温室番茄无土栽培生产方案

<table>
<tr><td>品种</td><td colspan="8">茬口安排</td></tr>
<tr><td rowspan="4">红果品种丰收560为试验品种，以粉果品种迪安娜、浙粉702、粉妮娜为大面积生产示范品种</td><td rowspan="2">茬口</td><td colspan="3">时间安排</td><td colspan="4">基质及面积（亩）</td></tr>
<tr><td>播种</td><td>定植</td><td>始收</td><td>拉秧</td><td>岩棉</td><td>椰糠</td><td>混合基质</td></tr>
<tr><td>越冬</td><td>…</td><td>…</td><td>…</td><td>…</td><td>…</td><td>…</td><td>…</td></tr>
<tr><td>秋延后</td><td>…</td><td>…</td><td>…</td><td>…</td><td>…</td><td>…</td><td>…</td></tr>
<tr><td>栽培密度</td><td rowspan="2">春提前</td><td rowspan="2">…</td><td rowspan="2">…</td><td rowspan="2">…</td><td rowspan="2">…</td><td rowspan="2">…</td><td rowspan="2">…</td><td rowspan="2">…</td></tr>
<tr><td>2.7～3.0株/米²</td></tr>
</table>

注：表中列出了行标题和列标题的内容，把相应的信息略去，用省略号表示。

2. 种植技术选择

果类蔬菜团队对于日光温室番茄无土栽培生产项目提供了强有力的技术支撑。一是在生产方案制订过程中明确技术规范，给出详细的工作重点；二是通过试验与生产实践的结合形成不断更新、不断完善的技术标准；三是在生产实践中多次派技术员及专家前往基地进行指导。

3. 项目投资评估

果类蔬菜团队在制订生产方案的同时，注重对该生产方式转变所产生的经济效益和投入成本变化的评估，目的在于该生产方式在投入实际应用时同时具有技术和经济上的可重复性、可推广性。团队通过收集绿富农合作社王泮庄生产基地相关的投入产出数据，并根据数据分析对日光温室番茄无土栽培的生产方案进行了项目投资评估，测算了该项目的内部收益率，并得到当收入等因素发生变化时项目的敏感性分析结果。

果类蔬菜创新团队在生产方式转变过程中所起到的作用表现有几点：一是帮助合作社（园区）制订详细的生产方案；二是依托生产基地，通过生产实践和试验的结合不断摸索和更新技术细节；三是发挥团队优势，在为园区解决生产规划技术性问题的同时，还对园区的经济效应状况进行评价；四是深入生产实践，对生产中产生的具体问题进行指导。

四、技术成效

通过实施工厂化生产，合作社扩大了经济效益，提高了生产效率，实现了生产方式的有效转变。根据2016年合作社番茄工厂化生产的情况，每个设施平均产量为5 500～6 000千克，每个设施平均产值为41 800～45 600元，每个设施投入13 000元物质资料费，可以测算得出该项目的投资回收期为2年，税后内部收益率为52.84%，税后财务净现值较高，表明投资价值大（表14-2）。

表14-2　合作社工厂化育苗项目财务敏感性分析

敏感因素	变动幅度				
	−10%	−5%	0%	5%	10%
销售收入（%）	15.87	35.34	52.84	69.63	86.12
建设投资（%）	107.50	71.38	52.84	41.33	33.36
经营成本（%）	80.65	66.86	52.84	38.34	22.74

在面临农村劳动力成本不断上涨和土地资源十分有限的双重制约时，转变果类蔬菜生产方式，采用工厂化无土栽培模式进行果类蔬菜的生产，成为确保果类蔬菜优势地位，稳定北京果类蔬菜供给，提高农民收入的重要切入点。

北京果类蔬菜创新团队有2009年以来的经验积累，加上在团队建设和工作方面的不断探索和创新，使得团队管理更加完善，团队建设得到强化，为团队运行奠定了良好基础。2016年度果类蔬菜创新团队工作再上一个台阶：进一步健全了运行机制，无论品种选育、技术研发、技术推广，还是政策支撑、人才培养等方面，均取得了丰硕的产出成果。

第二节　北京茂源广发种植专业合作社

无土栽培是都市型现代农业发展新业态中的重要组成部分，发展前景十分广阔。因此，依托北京市强大的产业科技创新能力、发达的技术推广体系、完善的现代设施建设，北京市果类蔬菜生产正在实现由传统粗放型发展模式向新型技术密集型生产模式的转变，特别是在果类蔬菜团队的指导下选择一部分新型经营主体，在提高果类蔬菜生产效率，增加农产品供应，提高农民收入等方面发挥了重要示范作用。北京茂源广发种植专业合作社在果类蔬菜团队的指导下，开展塑料大棚辣椒基质无土省力化栽培，对果类蔬菜生产方式转变、推动蔬菜产业升级、促进农业供给侧结构性改革具有重要实践意义。

一、支持背景

北京果类蔬菜产业发展面临可利用土地面积有限、灌溉水资源紧俏、劳动力成本攀升、产出与经济收益不高等问题，对上述问题的破解，是实现农业发展增效、农民增收、城乡统筹的必然要求。无土栽培沼液循环农业具有节土、节水、增产、提质的特点，是北京果类蔬菜产业发展的前进方向，但限于其投资力度、技术要求，仍需要各界大力支持。

在这样的背景下，果类蔬菜团队在多年进行无土栽培技术研发和示范的基础上，选取发展基础良好、适度规模经营、辐射带动能力较强的拥有北京市级、国家级设施蔬菜标准园的茂源广发种植专业合作社，对塑料大棚辣椒基质无土省力化栽培模式进行推广，促使合作社在都市型现代农业发展的浪潮中担负起科技试验示范的关键任务。

北京茂源广发种植专业合作社成立于2009年9月，总部位于北京市延庆区延庆镇广积屯村，2016年蔬菜种植面积达400亩，辐射带动周边3 000亩，共获得5项绿色产品认证，在推进北京市果类蔬菜质量安全生产上发挥重要的作用。

在果类蔬菜团队的支持下，北京茂源广发种植专业合作社于2015年起开始承担塑料大棚辣椒基质无土省力化栽培模式的综合性试验，在辣椒基质无土栽培适宜基质的筛选、沼液循环利用生产模式的探索以及可复制数据化技术和网式吊干辅助生产技术测试上取得了显著成效。此后，2016 年，果类蔬菜团队将生态农业纳入推广范畴，展开“黑猪养殖—沼液水肥无土栽培—沼液回收再利用—蔬菜生产”的循环模式推广。在 2016 年的基础上，2017 年进一步增加塑料大棚适度规模的轻简化栽培技术推广。将新型生产方式投入生产实践，进行科技成果转化的初步探索。

二、具体内容

自 2015 年起，经 3 年时间，果类蔬菜团队围绕塑料大棚辣椒基质无土省力化栽培技术，依托北京茂源广发种植专业合作社展开了一系列实验，实现了技术的不断改良与升级。

2015 年，基础性塑料大棚辣椒基质无土栽培实验——开展槽式简易袋式辣（甜）椒轻简化栽培模式实验，运用砖、草灰、珍珠岩、蛭石、椰糠等对无土基质进行改造，采用自动灌溉设施（水肥一体化施肥机、滴灌管、滴箭等）进行水肥管理。当年每棚改造费用为 5 751.82 元，在后续具体生产过程中，每棚投入 4 679.48 元的生产资料费（包括种苗费、人工费、水电费等），即塑料大棚槽式简易袋式轻简化无土栽培 0.6 亩地生产需投入成本 10 431.3 元。

2016 年，辣椒生态循环无土栽培技术示范——建立黑猪养殖、沼液水肥一体化辣椒无土栽培、回液回收再利用、叶菜生产的生产模式，建立示范棚 20 棚，面积 12 亩。具体过程是：首先采用黑猪养殖粪便进行沼气生产，沼液经过处理后，与营养液混合通过水肥一体化施肥机向无土生产辣椒施肥，无土生产辣椒的回液经回收处理；然后用于 24 棚芹菜及无土辣椒的生产。此外，还推广辣椒新品种“ND11－28”的有土与无土示范。同年，还进行适度规模无土生产辣椒技术实验，即通过调节种植密度改善蔬菜产量及效益。

2017 年，在 2016 年的基础上，进一步示范了辣椒新品种、辣椒双层覆盖无土提早生产技术、彩椒无土生产技术等。

三、具体措施

果类蔬菜团队在塑料大棚辣椒基质无土省力化栽培模式推广上做出了重大的贡献，对北京茂源广发种植专业合作社的支持主要体现在帮助筛选辣椒基质无土栽培适宜基质、开展生态生产模式的探索、辣椒新品种示范推广方面。

1. 帮助筛选辣椒基质无土栽培适宜基质

果类蔬菜团队在茂源广发种植专业合作社生产基地开展辣椒基质无土栽培适宜基质筛选工作，全面对技术的经济性、可复制性及可推广性进行考察。通过多次实验，对投入成本、植株长势及产量的比较分析得出，采用进口草炭混配的基质虽然成本投入较国产椰糠高，但植株长势好、亩产量较高，增效明显，同时，采用混配基质栽培的辣椒根系要明显优于有土栽培。

2. 开展生态生产模式的探索

根据北京市“十三五”城乡一体化规划，到2020年，北京市将成为全国都市农业示范区、节水农业示范区、京津冀农业发展带动区。据此，北京市果菜团队将现代与生态元素纳入农业技术研发推广，主要从循环农业模式推广、无土轻简化节水技术推广、辣椒适度规模种植指导等方面入手。

3. 辣椒新品种示范推广

种子科技成果的转化与更新换代是提高农产品品质、收益与竞争力的根基，北京市果菜团队依托茂源广发种植专业合作社分别示范了有土、无土（PVC槽和简易袋）辣椒新品种ND11－28，无土甜椒新品种京甜3号，以及无土（PVC槽）彩椒品种玛索和黄贵人。

果菜团队在生产技术升级、种子更新换代以及生态友好管理方面为果菜新业态发展打造基础性支持，为推进北京农业供给侧结构性改革，实现农业增效、农民增收、农村增绿，推动社会主义新农村建设与农村全面小康建设发挥重要作用。

四、技术成效

塑料大棚辣椒基质无土栽培有明显的节水效果，应用辣椒新品种ND11－28并配合适度规模经营更实现了辣椒生产的增效增收，从经济视角激发了农户新技术采用的动力。

如表14－3所示，在相同品种、相同密度、同时定植的条件下，无土栽培模式虽然亩产量略低于有土栽培，但每千克产品耗水率达到24.34千克，明显低于有土栽培的33.27千克，节水效果显著。

表14－3　辣椒无土栽培与有土栽培水分产出率比较分析

生产类型	品种	定植期	面积（亩）	总用水量（米^3/亩）	产量（千克/亩）	平均株高（厘米）	单产耗水量（千克/千克）
无土栽培	农大24	5.1	0.6	146.4	6 014.5	155.66	24.34
有土栽培	农大24	5.1	0.6	281.2	8 452.5	253.16	33.27

采用ND11－28新品种、适度规模种植的塑料大棚辣椒有土栽培模式2016年投入产出情况如表14－4所示，总成本合计9 754元，亩产8 333.3千克，较2015年增产23.5%，亩均效益18 333元，增效增收效果明显。

表 14-4　ND11-28 有土生产示范投入比较分析

亩成本投入（元）		成本合计（元）	亩产量（千克）	亩效益（元）	投入产出比
承包费（含水电费）	2 500	9 754	8 333.3	18 333	0.53
基肥	500				
种苗	1 302				
农药	250				
追肥	402				
劳动力	4 800				

2016 年采用 ND11-28 新品种、适度规模种植的塑料大棚辣椒混配基质无土栽培模式投入产出情况如表 14-5 所示，总成本合计 12 319 元，亩产3 617.5 千克，相比于袋培龙鼎 1 号亩增产 40.9%，相比于 2015 年，ND11-28 有土生产亩增产 7.2%，亩收益达 18 000 元。

表 14-5　ND11-28 无土生产示范投入比较分析

亩成本投入（元）		成本合计（元）	亩产量（千克）	亩效益（元）	投入产出比
承包费（含水电费）	2 500	12 319	7 235	18 000	0.68
基质（2 年折旧费）	3 149.5				
基质袋（3 年折旧费）	1 710.87				
种苗	1 302				
农药	50				
追肥	806.4				
劳动力	2 800				

采用 ND11-28 新品种，分别用简易袋与 PVC 槽进行塑料大棚辣椒基质无土栽培的成效如表 14-6 所示。简易袋栽培模式亩产量为 8 075.9 千克，日均产量 37.9 千克，总收益 24 227.7 元，投入产出比为 0.3，PVC 槽栽培模式亩产量为 5 135 千克，日均产量 31.1 千克，总收益 15 405 元，投入产出比为 0.39。尽管简易袋一次性成本略高，但产量与亩均效益均较高，PVC 槽一次性投入成本较低，但应与其他技术进行集成以提高亩产量和效益。

表 14-6　ND11-28 简易袋与 PVC 槽无土栽培模式比较分析

栽培模式	每亩总成本（元）	定植时间	拉秧时间	生长周期（天）	亩产量（千克）	日均产量（千克）	总效益（元）	投入产出比
简易袋	7 308.5	4.2	11.5	213	8 075.9	37.9	24 227.7	0.30
PVC 槽	5 974.5	4.18	10.13	165	5 135	31.1	15 405	0.39

此外，甜椒品种京甜 3 号无土 PVC 槽栽培模式亩均产量为 4 529.5 千克，日均产量为 23.1 千克；彩椒品种玛索和黄贵人无土 PVC 槽栽培模式亩均产量分别为 4 656.8 千克、4 615.9 千克，日均产量分别为 24 千克、23.6 千克。

北京市果菜创新团队紧随时代要求，想农民之所想，急农民之所急，解农民之所困，结合自身的科技实力、资金实力与实践经验，在品种研发与推广、技术改良与升级、团队建设与人才培养上付出了巨大的努力，并取得了丰硕的成果。

北京市果菜创新团队经过多年的经验积累，不断进步，在我国农业现代化发展的浪潮中与时俱进，立足于农业供给侧结构性改革与国家发展规划，在农业增产、农民增收、城乡统筹建设中发挥了支撑作用，将使北京市果菜产业发展不断迈向新台阶。

参 考 文 献

曹坳程，刘晓漫，郭美霞，等，2017. 作物土传病害的危害及防治技术［J］. 植物保护，43（2）：35－36.

曹坳程，郑建秋，郭美霞，等，2011. 土壤消毒技术及要点［J］. 蔬菜，4：41－44.

曹华，2014. 番茄优质栽培新技术［M］. 北京：金盾出版社.

蒂斯代尔 S L，纳尔逊 W L，毕腾 J D，1998. 土壤肥力与施肥［M］. 金继运，刘乐荣，译. 北京：中国农业科技出版社.

范燕山，2008. 丛枝菌根真菌对有机基质栽培番茄生长的影响［D］. 长沙：湖南农业大学.

李瑶瑶，2018. 根际微生物对基质栽培番茄和辣椒养分吸收及产量的影响［D］. 北京：中国农业大学.

李志芳，郭春敏，李显军，2006. 有机认证与 HACCP 结合的食品加工质量控制体系［M］. 北京：中国农业科技出版社。

齐艳花，杨恩庶，徐进，等，2014. 北京市日光温室番茄产量再创新高培经验［J］. 中国蔬菜（11）：88－90.

王铁臣，2012. 黄瓜高效益设施栽培综合配套新技术［M］. 北京：中国农业出版社.

王铁臣，2017. 日光温室越冬茬黄瓜高产高效栽培技术［M］. 北京：中国农业出版社.

王铁臣，徐进，赵景文，2014. 设施黄瓜、番茄实用栽培技术集锦［M］. 北京：中国农业出版社.

王永泉，徐进，2012. 番茄高效益设施栽培综合配套新技术［M］. 北京：中国农业出版社.

韦柳凤，2011. 番茄病毒病的为害症状及防治方法［J］. 吉林农业（7）：107－107.

于振良，刘淑艳，陶延怀，2014. 滕云“解淀粉芽孢杆菌 Ba168”对温室番茄生长的影响［J］. 北方园艺，19：44－46.

张侨，李志芳，陈倩，等，2019. 绿色食品申报指南 蔬菜卷［M］. 北京：中国农业科学技术出版社.

赵永志，等，2019. 北京肥料［M］. 北京：中国农业大学出版社.

郑建秋，2013. 控制农业面源污染——减少农药用量防治蔬菜病虫实用技术指导手册［M］. 北京：中国林业出版社.

周涛，雷喜红，李云龙，等，2020. 果菜工厂化生产中病毒病发生和绿色防控技术［J］. 农业工程技术，40（1）：16－19.

Adekunle A T，Cardwell K F，Florini D A，et al.，2001. Seed treatment with trichoderma species for control of damping-off of cowpea caused by macrophomina phaseolina［J］. Biocontrol Science & Technology，11（4）：449－457.

Balliu A，Sallaku G，Rewald B，2015. AMF inoculation enhances growth and improves the nutrient uptake rates of transplanted, salt-stressed tomato seedlings [J] . Sustainability, 7: 15967 - 15981.

Barley K P , 1959. The influence of earthworms on soil fertility. II. Consumption of soil and organic matter by the earthworm Allolobophora caliginosa (Savigny) [J] . Crop & Pasture Science, 10 (2): 179 - 185.

Bhale U N, 2018. Physiological changes induced by arbuscular mycorrhizal fungi (AMF) and plant growth promoting fungi (PGPF) in tomato (Lycopersicum esculantum) [J]. Journal of Mycology and Plant Pathology, 48 (1): 65 - 73.

Brooker R B, Alison E B, Cong W F, et al. , 2015. Improving intercropping: a synthesis of research in agronomy, plant physiology and ecology [J] . New phyologist, 206 (1): 107 - 117.

Conversa G, Elia A, Rotonda P, 2007. Mycorrhizal inoculation and phosphorus fertilization effect on growth and yield of processing tomato [J] . Acta Horticulturae, 75: 333 - 338.

Domenech J, Reddy M S, Kloepper J W, et al. , 2006. Combined application of the biological product LS213 with bacillus, pseudomonas or chryseobacterium, for growth promotion and biological control of soil-borne diseases in pepper and tomato [J]. Biocontrol, 51 (2): 245.

Glick B R, Patten C L, Holguin G, et al. , 1999. Biochemical and genetic mechanisms used by plant growth promoting bacteria [M] . London: Imperial College Press.

Greacen E L, 2006. Water content and soil strength [J] . European Journal of Soil Science, 11 (2): 313 - 333.

International Federal of Organic Agriculture Movement (IFOAM), 2006. The IFOAM basic standards for organic production and processing [M] . Germany: Die Deutsche Bibliothek-CIP Cataloguing in Publication Data.

Kloepper J W, Ryu C M, Zhang S, 2004. Induced systemic resistance and promotion of plant growth by Bacillus ssp [J] . Phytopathology, 94 (11): 1259.

Koegel S, Lahmidi N A, Arnould C, et al. , 2013. The family of ammonium transporters (AMT) in Sorghum bicolor: two AMT members are induced locally, but not systemically in roots colonized by arbuscular mycorrhizal fungi [J] . New Phytologist, 198 (3): 853 - 865.

Kowalska I, Konieczny A, Gąstol M, et al. , 2015. Effect of mycorrhiza and phosphorus concentration in nutrient solution on the yield and nutritional status of tomato plants grown on rockwool or coconut coir [J] . Agricultural and Food Science, 24 (1): 39 - 51.

Li Z F, Schulz R, Mueller T, 2015. Mineralization of legume seed meals as organic fertilizers affected by their quality at low temperatures [J] . Biological Agriculture & Horticulture, 31 (2): 91 - 107.

Mueller M, Sundman V, 1988. The fate of nitrogen N_{15} release from different plant materials during decomposition under field conditions [J] . Plant and Soil, 7330: 133 - 139.

Nin Y N, Diao P C, Wang Q, et al., 2016. On-Farm-Produced organic amendments on maintaining and enhancing soil fertility and nitrogen availability in organic or low input agriculture [M]. Croatia: INTECH publication.

Nzanza B, Marais D, Soundy P, 2012. Yield and nutrient content of tomato (Solanum lycopersicum L.) as influenced by Trichoderma harzianum and Glomus mosseae inoculation [J]. Scientia Horticulturae (Amsterdam), 144: 55-59.

Parmar N, Dadarwal K R, 2000. Stimulation of plant growth of chickpea by inoculation of fluorescent pseudomonads [J]. J Appl Microbiol, 86: 36-44.

Poldma P, Johansson P, Ascard J, 2001. Influence of biological control of fungal diseases with Trichoderma spp. on yield and quality of onion [J]. NJF-rapport nr: 329.

Probanza A, Lucas Garcia J A, Ruiz P M, et al., 2002. Pinus pinea L. seedling growth and bacterial rhizosphere structure after inoculation with PGPR Bacillus (B licheniformis CECT 5106 and B pumilus CECT 5105) [J]. Applied Soil Ecology, 20 (2): 75-84.

Selvaraj T, 2008. Effect of glomus mosseae and plant growth promoting rhizomicroorganisms (PGPR′s) on growth, nutrients and content of secondary metabolites in Begonia malabarica Lam [J]. Maejo International Journal of Science & Technology, 2 (3): 516-525.

Siddiqui Z A, Iqbal A, Mahmood I, 2001. Effects of pseudomonas fluorescens and fertilizers on the reproduction of meloidogyne incognita and growth of tomato [J]. Applied Soil Ecology, 16 (2): 179-185.

Smith S E, Read D J, 2008. Mycorrhizal symbiosis [M]. Cambridge: Academic Press.

Turner J T, Backman P A, 1991. Factors relating to peanut yield increases after seed treatment with Bacillus subtilis. [J]. Plant Disease, 75 (4): 347.

Wang C, Knill E, Glick B R, et al., 2000. Effect of transferring 1-aminocyclopropane-1-carboxylic acid (ACC) deaminase genes into Pseudomonas fluorescens strain CHA0 and its gacA derivative CHA96 on their growth-promoting and disease-suppressive capacities [J]. Canadian Journal of Microbiology, 46 (10): 898.

Wichern F, Eberhardt E, Mayer J, et al., 2008. Nitrogen rhizodeposition in agricultural crops: methods, estimates and future prospects [J]. Soil Biology and Biochemistry, 40 (1): 30-48.

图书在版编目（CIP）数据

果菜优良新品种及实用栽培新技术/徐进主编．—北京：中国农业出版社，2021.6
ISBN 978-7-109-28439-5

Ⅰ.①果…　Ⅱ.①徐…　Ⅲ.①水果－良种②蔬菜－良种③水果－栽培技术④蔬菜－栽培技术　Ⅳ.①S66②S63

中国版本图书馆 CIP 数据核字（2021）第 126845 号

中国农业出版社出版
地址：北京市朝阳区麦子店街 18 号楼
邮编：100125
责任编辑：李　夷
版式设计：李　文　　责任校对：吴丽婷
印刷：北京中兴印刷有限公司
版次：2021 年 6 月第 1 版
印次：2021 年 6 月北京第 1 次印刷
发行：新华书店北京发行所
开本：700mm×1000mm　1/16
印张：15.25　　插页：2
字数：270 千字
定价：58.00 元
